Inhalt

Vorwort 9

Intro 13

Warum dieses Buch? 16

Zu meiner Person 18

Was ist UBER? 25

Wie funktioniert das UBER-System und die »UBER-App«? 28

Warum ist UBER so erfolgreich? 31

Warum fahre ich mit der »UBER-App«? 40

Was macht mich als »UBER-Fahrer« so erfolgreich? 44

Internationale Begegnungen 54

- Die japanische Organistin 54
- Die drei Japaner und das Alphorn 56
- Die Familie aus Südafrika und das Alphorn 58
- Der Iraner und sein Hund 59
- Die Fahrt mit den türkischen und kurdischen Freunden . 60
- Die verschleierte »Nikab«-Frau mit den lächelnden Augen 62

Bewegende Erlebnisse 64

- Eine UBER-Fahrt als Lebensretter 64
- Die Irrfahrt im Winterwald 65
- Die verzweifelte junge Frau 67

- Gratisfahrten 68
- Der Millionär, der seine Firma verschenkte 70
- Mein UBER-Wagen als »Schminkstube« 72

»Mental-Training« ... und was es für mich bedeutet 75

»Ich bin Dein Vater« 86

»Lebenshilfe« im UBER-Wagen 90
- »Schwuler Liebeskummer« 90
- »Mein erster Blumenstrauß in meinem Leben« 91
- Eine »UBER-Fahrt« statt Party 93
- Pärchen im Neuanfang 94

Die »Beziehungs-Inventur ...« oder: »Das Seelen-Gespräch« 97
- Ein weiterer Neuanfang 100
- Trost durch Zuhören 101

Mein UBER-Wagen und die »Liebe« 103
- »Sie haben ihr Ziel erreicht« 103
- Noch mehr Verliebte 104
- Missverständnis der »Liebe« 105
- Noch ein Missverständnis 106
- Mein UBER-Wagen und die »Verkupplung« 108

- Eine ganz »besondere Verkupplung« ... 110
- Gedanken »über die Liebe« ... 112

Alternatives Gesundheitswesen ... 116
- Ein Wunder der Naturmedizin (Teil 1) ... 131
- Ein Wunder der Naturmedizin (Teil 2) ... 133
- Vom »Schulmediziner« zum »Naturarzt« ... 135
- Die 7-kg-Gewichts-Reduktion ... 136

Schicksalhafte Begegnungen ... 139
- Die 80-jährige, die nur zum Spaß »UBER fuhr« ... 139
- Mein Schulfreund ... 140
- Der Bankdirektor und der Urnerboden ... 141
- Ein Superstar an Bord ... 143
- Der Chor der Glücksgefühle ... 145

Mein UBER-Wagen und der Alkohol ... 147
- Die 35-Minuten-Party in meinem Wagen ... 147
- »Zieh Dein Hemd aus!« ... 149
- Das »zweckentfremdete« Vorderrad ... 151

Die Zukunft der Personen- und Güterbeförderung ... 153
Nachwort, Danksagungen ... 163
Nachtrag ... 173
Anhang ... 177
- Buchempfehlungen / Musik ... 177

Lasse nie zu,
dass du jemandem begegnest,
der nicht nach der
Begegnung mit dir
glücklicher ist.

Mutter Teresa

"Der beste Uberfahrer des Universums, berührt das Herz & man steigt reich beschenkt aus & lächelt "

Weniger anzeigen

★★★★★
Juni 2018

* Originalkommentar in der Uber-Bewertungs-App

Vorwort

Wir wissen es eigentlich alle: Das einzige Konstante im Leben ist die Veränderung. Das musste ich in meinem Leben sowohl als »Privatmensch« als auch in meiner 35-jährigen Selbstständigkeit tatsächlich fast täglich erleben.

Wir lieben Rituale und suchen die Sicherheit immer wieder in der Routine des Alltags. Es sind aber genau diese liebgewonnenen Gewohnheiten, welche die Menschen in jedem Lebensbereich müde, stumpf und irgendwann auch unglücklich machen können.

Und plötzlich spürt man, wie die Neugier und die Leidenschaft erlahmen!

Menschen, die ständig Erfolg haben, scheinen damit keine Probleme und somit auch keine Sorgen zu haben. Das Glück scheint ihnen einfach immer in die Karten zu spielen.

Wer aber über den Tellerrand seines Horizontes hinaus schaut, wird feststellen, dass auch diese Menschen immer und immer wieder hingefallen sind. Doch, im Gegensatz zu den meisten anderen, sind sie eben nicht liegen geblieben, sondern sind mindestens einmal mehr wieder aufgestanden als sie hingefallen sind!

Das macht den Unterschied!

Die meisten Menschen bewältigen Veränderungen aber oft nur mit großen Schwierigkeiten. Andere wiederum schaffen es gar nicht, ihre Ambitionen, Träume und Wünsche umzusetzen … weder beruflich, noch privat oder auch im gesundheitlichen Bereich.

Und gerade die Gesundheit wird umso wichtiger, je älter wir werden. Letztlich wichtiger als all das liebe Geld …

In meiner neu entdeckten »Leidenschaft« mit dem UBER-Konzept möchte ich den Menschen jedes Alters zeigen, ihnen etwas erzählen und mit ihnen darüber diskutieren, wie spannend ein Neuanfang sein kann. Dies ist mir ein echtes Anliegen!

In den vielen Gesprächen mit meinen Fahrgästen sind es vor allem Themen wie Gesundheit, Selbstliebe, Freude am Leben und Dankbarkeit für alles …

… aber auch kritische Betrachtungen der aktuellen Politik, der Umgang mit der Umwelt, mit Mensch und Tier … Und besonders wichtig ist es mir, immer wieder darauf hinzuweisen, dass wir zwar älter, aber damit nicht zwangsläufig krank werden ...

... aber wie wir leider mehr und mehr vergiftet werden durch die Chemie- und Pharma-Industrien ...

Die meisten meiner Fahrtkunden sind erstaunt über die unerwartet offenen und intensiven Gespräche in meinem Auto.

Es wird auch viel gelacht an Bord, und bei jeder Fahrt ist es mein Ziel, den »König Kunden« so zu behandeln, dass er nach der Fahrt auch etwas Glück und Zufriedenheit mitnehmen kann.

Und da haben wir ja dann alle etwas davon ...

Ja, Erfindungen und Entwicklungen kann man nicht verhindern oder gar verbieten. Und auch durch UBER kommen große Veränderungen auf uns zu, die vor allem für die Mitbewerber im Bereich der Personenbeförderung im Moment vielleicht schmerzhaft sein können.

Aber diese Entwicklungen stellen sowohl für die Dienstleister als auch für die Kunden letztlich auch die Chance für eine neue Win-win-Situation dar. Und das nicht unbedingt immer »nur« wegen der Preise, sondern auch wegen der neuen Qualitäten bei den Taxibeförderungen.

Zu guter Letzt:

Meine Lebenserfahrung bestätigt es auch heute noch immer wieder: Etwas mit »Leidenschaft« zu tun bringt immer Erfolg! Daher ist es nur folgerichtig, mit dem Fluss der Leidenschaft zu arbeiten ... und nicht etwa dagegen!

Wahrer Erfolg kommt erst, wenn man selbst authentisch ist und sich selbst treu sein kann.

Daher hat es keinen Sinn, etwas anzustreben, was nicht wirklich zu einem passt. Vielmehr ist es wichtig, die persönlichen Talente zu kennen und die Lebenserfahrungen zu nutzen ... und sie zum Wohle aller weiterzugeben.

Und hier bietet mir »UBER« einen für mich sehr passenden Rahmen. Viele meiner Fahrgäste scheinen das ähnlich zu sehen und haben mich mit 5 Sternen bewertet ...

... und so zu einem »5-Sterne-UBER-Fahrer« gemacht ... Was will ich noch mehr?

Intro

»Guten Tag ... willkommen an Bord.
Mein Name ist Roland.«
So, oder ähnlich begrüße ich meine »UBER«-Fahrgäste, wenn sie zu mir in meinen Volvo einsteigen.

Und so begrüße ich jetzt auch Dich lieber Leser dieses Buches, der Du gerade in meine Welt einsteigst. Und da wir uns in der »UBER-Welt« fast ausnahmslos »duzen«, wähle ich das »DU« als Form der Anrede auch in diesem Buch.

Also: Als Mensch und »UBER-Fahrer« begrüße ich Dich herzlich und lade Dich ein zu einer interessanten, informativen, amüsanten, manchmal verblüffenden und sicherlich öfter auch tiefsinnigen Reise mit mir und meinem »UBER-Fahrzeug«.

Es wird in diesem Buch um 3 Themenbereiche gehen:

1. Das System der Mitfahr-Vermittlung bei »UBER« und wie das Konzept rund um die »UBER-App« funktioniert ... und wie die Zukunft des Personen- und Güterverkehrs aussehen könnte.

2. Weiterhin handelt das Buch von den vielen interessanten Begegnungen, Gesprächen und Erlebnissen, die ich als »UBER-Fahrer« mit meinen Fahrgästen hatte und habe.

3. Und in diesem Zusammenhang geht es auch um meine Erfahrungen mit den Möglichkeiten der persönlichen Weiterentwicklung und den Methoden und Prinzipien des sogenannten »Mental-Trainings«. Es geht um natürliche Gesundheitsprinzipien, gesunde Ernährung, um biologische und Natur-Heilmittel und um den Zusammenhang zwischen »Körper, Geist und Seele« …

… sowie natürlich besonders darum, wie ich meine Erfahrungen und Erkenntnisse oft auch an meine Fahrgäste weitergeben konnte … mit teils verblüffenden Folgen.

Eines noch vorweg:
Ich bin weder Mitarbeiter der Firma UBER, noch auf irgendeine andere Art kommerziell mit Firmen, Institutionen, Systemen, Methoden und Personen verbunden, die in diesem Buch auftauchen und benannt werden.

Und noch ein Hinweis:
Alle hier im Buch beschriebenen Inhalte sowie die Ereignisse und Geschichten sind wahr und haben sich genau so zugetragen. Zum Schutz der beteiligten Personen habe ich lediglich überwiegend auf die Nennung der Namen und auf zu eindeutige Identifizierungs-Merkmale verzichtet.

Hinweise und Empfehlungen zu Literatur und Medien, auf die ich mich beziehe sowie Bezugsquellen habe ich im Anhang aufgeführt.

Warum dieses Buch?

Gute Frage, denn eigentlich gibt es ja wirklich schon genug Bücher auf diesem Planeten, nicht wahr …?

Dennoch: Ich hatte bereits seit Langem das stetig wachsende Bedürfnis, einiges von dem was mich »bewegt« (dieses Wortspiel ist durchaus bewusst gewählt) auch weiterzugeben an diejenigen Menschen, die offen dafür sind. Die anderen werden dieses Buch ohnehin entweder gar nicht in die Hand bekommen … oder es gleich wieder weglegen. Das ist auch völlig Okay so.

Mein tief empfundener Wunsch ist es, mit diesem Buch und seinen Inhalten vielleicht dem ein oder anderen Leser auf seinem Lebensweg »etwas« mitgeben zu können. Ihm etwas weiterzugeben von meinem reichen Erfahrungsschatz im Leben, vom Umgang mit Glück und Enttäuschung, vom Lernen in »Freud und Leid«.

So wie ich in den vielen Begegnungen mit meinen Fahrgästen in meinem Wagen die Menschen oft ein wenig unterstützen konnte, sie etwas »anschubsen«, anregen oder ihnen »ein Ohr leihen« durfte.

Vielleicht war es auch »nur« eine Unterhaltung im Wagen oder eine Fahrt in angenehmer Atmosphäre, aber damit durfte ich Ihnen für eine gewisse Zeit – und vielleicht auch darüber hinaus – ein gutes Gefühl vermitteln ...

Und so gab und gibt es – neben meiner Familie und meinen Freunden – immer wieder auch Fahrgäste, die mich motiviert haben, ein Buch über das zu schreiben, was wir gemeinsam während unserer Fahrten erlebt haben, meine Erlebnisse aufzuschreiben und etwas von meinen Erfahrungen zu »konservieren« und weiterzugeben.

In den Geschichten, Parabeln und Fabeln der früheren Zeiten war es oft der »Fährmann«, der die Menschen von »A« nach »B« bringen durfte, was sicherlich vielfach auch symbolisch gemeint war. Ich sehe mich heute als eine Art »moderner Fährmann«, der im 21. Jahrhundert genau dasselbe tut:

Meine »Fähre« ist mein Volvo, der »Inhalt« meine Lebenserfahrung, das »Medium« ist UBER ... und damit habe ich so viele gute und schöne Erfahrungen gemacht, dass ich jetzt gerne auch darüber berichten möchte. Und wenn es am Ende auch nur einen Leser gibt, dem dieses Buch etwas gegeben hat, dann hat es seinen Sinn und Zweck erfüllt.

Und deshalb gibt es dieses Buch!

Zu meiner Person

Ich bin Schweizer, Baujahr 1954, Kind einer deutschen Mutter von der Nordseeinsel Sylt und eines norwegischen Vaters, der jedoch aus unserem Leben bereits verschwand, als ich ca. 1 Jahr alt war. (*In diesem Zusammenhang findest Du später eine interessante Geschichte hier im Buch.*)

Danach wuchs ich, bedingt durch die Umstände – es gab inzwischen auch noch meine ein Jahr jüngere Schwester – fünf Jahre in einem Schweizer Kinderheim auf, jedoch weiterhin auch mit wöchentlichem Kontakt zu meiner Mutter.

Als ich ca. sieben Jahre alt war, heiratete meine Mutter wieder, diesmal einen Schweizer, und wir bildeten gemeinsam in der Schweiz zusammen mit seinem Sohn – also meinem »neuen Stiefbruder« – und meiner kleinen Schwester sozusagen eine neue Familie … Heute nennt man das ja »Patchwork-Familie«.

Dieses Familienmodell hat bei uns wunderbar funktioniert. Vor allem das Verhältnis zu meinem neuen »Stiefvater« war sehr gut. Das lag sicherlich nicht nur an der Tatsache, dass er »Schweizer Schokolade« verkaufte, sondern vor allem daran, dass ich viel von ihm lernen durfte und konnte. Wir unternahmen vieles zusammen und dies weckte vor allem unsere gemeinsame Liebe zur Natur und natürlich für die Schweizer Berge. Wir waren eine glückliche, vor allem aber auch eine humorvolle Familie … wir alle waren einfach dankbar für dieses Glück!

Gemeinsame Bergwanderungen, Gletscher- und Skitouren und nicht zuletzt auch die ein oder andere miteinander gemeisterte schwierige und auch sogar gefährliche Situation in der Einsamkeit der Natur haben uns buchstäblich »zusammengeschweißt«.

Meine Schulzeit ist mir dagegen in nicht so guter Erinnerung geblieben, da sie seinerzeit noch geprägt wurde von massiven körperlichen Züchtigungen durch unsere Lehrer, was bei mir oft zu angstbedingten gesundheitlichen Störungen führte.

Mein Weg, damit klarzukommen, war der Sport. Ich betätigte mich intensiv gleich in mehreren Leistungssportarten und erlangte dadurch eine besondere »Fitness«.

So konnte ich meine Schulzeit erfolgreich abschließen und anschließend eine Ausbildung zum Koch absolvieren. Auch diese konnte ich zu einem guten Abschluss bringen.

Um meine sportlichen Ambitionen weiterhin ausleben zu können, sah ich für mich ideale Möglichkeiten im Schweizer Militärdienst.

Hierzu nahm ich die Schweizer Staatsbürgerschaft an, was aufgrund meines Schweizer Stiefvaters ja auch kein Problem darstellte.

Es folgten intensive Jahre beim Schweizer Militär mit Rekrutenschule, Unteroffiziersschule und fünfzehn Jahre lang Wiederholungskursen über jeweils vier Wochen im Jahr im »gehobenen Dienst« und vor allem mit einem harten, aber für mich genau richtigen Dienst als »Gebirgsjäger«.

Hier in den Bergen war ich »zu Hause«.

Im »zivilen« Leben hat mir der Koch-Beruf stets viel Freude bereitet, und von den erworbenen Kenntnissen und Erfahrungen profitiere ich – sowie meine Familie und Freunde – auch heute noch, da ich immer noch leidenschaftlich gern koche und esse … mit »kleinen« Veränderungen, auf die ich später noch zurückkommen werde.

Mein Lebensweg erlaubte es mir, in diesem Beruf einige Jahre tätig sein zu können und sogar in »First Class«-Häusern im In- und Ausland illustre Gäste kulinarisch verwöhnen zu dürfen.

Wie das Leben so spielt, erhielt ich während einem dieser Auslandsaufenthalte im Jahre 1980 in Schweden von einem meiner Gäste – offenbar ein »Visionär« – ein lukratives Angebot zum Aufbau eines Vertriebes für eine interessante Produktpalette in der Schweiz … eine völlig neue Herausforderung für mich, die mein Leben erneut in eine ganz neue Richtung manövrieren sollte.

So wuchs ich vom Koch in meine neue Rolle als »Außendienstler« hinein und baute sehr erfolgreich die erste Vertriebsfirma in der Schweiz auf. Diese neue Entwicklung in meinem Leben passte perfekt zu meinem Interesse an den Menschen und der Kommunikation mit ihnen.

(Ja, ich habe immer schon gerne geredet … aber in der Küche ist die Kommunikation mit einem Steak ja doch eher begrenzt …)

Fast schon automatisch mündete dieser Job in die nächste Phase, nämlich den Schritt in die Selbstständigkeit mit dem Aufbau einer weiteren Vertriebsstruktur. Das war im Jahr 1995.

Im Folgenden spielten dann auch weitere private »Ent-« und »Ver-«wicklungen – unter anderem mit einer nicht mehr funktionierenden Ehe – ins große Lebensspiel hinein … und ließen mich die nächste Vertriebsunternehmung aufbauen, diesmal mit noch weitreichenderen Auswirkungen auf meine persönliche Entwicklung:

Ich übernahm für einen deutschen Verlag exklusiv den Schweiz-Vertrieb für Produkte aus dem Bereich »Mentaltraining«. Hierzu gehörten vor allem Musikproduktionen mit größtenteils wunderschönen Musiken zum Träumen, Entspannen und Wohlfühlen sowie Produktionen mit Fantasiereisen, zum »mentalen Training« und zur Persönlichkeits-Entwicklung.

Und hier trafen nun sowohl mein Musikgeschmack als auch mein bereits langjährig bestehendes persönliches Interesse an geistig/»mentaler« Entwicklung zusammen mit einem hierzu ideal passenden, faszinierenden Produkt- und Arbeitsbereich.

Eines der Gesetze in mentalen Trainingssystemen heißt: »Erfolg stellt sich ein, wenn etwas stimmig ist« …

… und so war auch meine neue Vertriebsfirma tatsächlich sehr erfolgreich. Zudem profitierte ich im Rahmen meiner persönlichen Entwicklung einerseits von den eigenen Produkten, andererseits von vielen inspirierenden Kontakten mit interessanten Menschen … auf Messen, bei Schulungen, im direkten Verkauf … und mit Menschen aus der Künstlerszene …

Aber wie schon gesagt: Nichts in dieser Welt ist beständig: Aufgrund der sich rasant ändernden Marktsituation durch die neuen Medien (Internet etc.), mit drastischen Auswirkungen vor allem im Musikgeschäft, stand irgendwann – und zwar im Jahr 2007 – der nächste Wechsel in der von mir vertriebenen Produktpalette an und ich ging eine neue Kooperation ein mit einem größeren deutschen Unternehmen im Bereich von Naturkosmetik und natürlichen Nahrungsergänzungsmitteln.

Erneut übernahm ich exklusiv den Aufbau eines Vertriebsnetzes in der Schweiz.

Erfreulicherweise konnte ich hierzu auch weiterhin die von mir langfristig aufgebauten und jetzt bestehenden Vertriebskanäle in Apotheken und Drogerien nutzen, sodass auch der erneute Wechsel bei den Produkten rasch wieder in eine Erfolgsgeschichte mündete.

Und das Leben fließt weiter … und so konnte ich im Jahr 2014 auch diesen Lebenszyklus des »Verkaufens« erfolgreich abschließen und wurde bald darauf »frühzeitig pensioniert«.

Nun konnte ich mich noch mehr den Dingen zuwenden, die mir inzwischen zu einer Herzensangelegenheit geworden waren:

Den Themen »persönliche Entwicklung« sowie »natürliches Leben und Gesundheit durch alternatives Heilweisen«.

In dieser Phase lernte ich im Dezember 2016 »UBER« kennen.

Was ist UBER?

UBER ist ein amerikanisches Unternehmen, welches mittels einer eigens entwickelten »App« *(»application« = Programm für Smartphones / Tablets / mobile Computer)* Fahrten zwischen Fahrgästen und lokalen Chauffeuren vermittelt.

Dies funktioniert inzwischen in mehr als 600 Städten und 77 Ländern. (Stand Anfang 2018)

Ursprünglich gab es 3 parallel laufende Geschäfts-Modelle:

1. Das sogenannte »UBER Pop« mit privaten Fahrern ohne besondere Voraussetzungen

2. Das sogenannte »UBER X« mit privaten Fahrern, die eine Taxi-Lizenz / einen Personenbeförderungsschein sowie ein hierzu registriertes Fahrzeug besitzen

3. Das sogenannte »UBER Black«, ein Limousinen-Service der gehobenen Klasse

Zwar war seinerzeit das »UBER Pop«-Modell ein äußerst erfolgreicher Einstieg in den Fahrtenvermittlungs-Markt, der das Unternehmen UBER in Verbindung mit einem geschickten Marketing sehr schnell groß gemacht hat. Aufgrund der gesetzlichen Reglementierungen in vielen Ländern sowie zahlreichen Widerständen seitens verschiedener im öffentlichen Personenverkehr agierenden Lobbys gibt es inzwischen aber fast nur noch das »UBER-X«-Modell und natürlich den Limousinen-Service »UBER-Black«.

In den Regionen, in denen die UBER-Dienste angeboten werden, besteht mit den UBER-Geschäftsmodellen somit auch für jeden, der daran interessiert ist, sich selbstständig zu machen (ob nebenher oder im Hauptjob), eine einfache und günstige Möglichkeit, diesen Schritt in die Selbstständigkeit zu tun.

Ein privater UBER-Fahrer arbeitet in jeder Hinsicht selbstständig. Er benötigt für seine Tätigkeit – außer natürlich einem PKW – keine Investition und kein Kapital.

UBER verschafft dem Fahrer sozusagen das »Grundkapital« in Form von Fahrgästen, die ihm automatisch vermittelt werden. Damit kann er vom ersten Moment an Geld verdienen!

Alles weitere liegt beim Fahrer selbst. Sein zeitlicher Einsatz und sein »ideelles« Engagement mit seinen eingesetzten Qualitäten wie Leidenschaft für den Job, Fleiß (vielleicht mit Extraschichten), Freundlichkeit und Zuverlässigkeit etc. bestimmen fortan sein Einkommen …

Wie funktioniert das UBER-System und die »UBER-App«?

Interessierte Fahrgäste können die App einmalig auf ihr Mobilgerät – z. B. Smartphone oder Tablet – herunterladen und sich mit den für Online-Dienste üblichen Angaben beim Fahrdienstvermittler UBER registrieren.

Benötigt man danach eine Beförderung, kann man über wenige Klicks in der App die Anforderung übermitteln und die Abhol-Informationen sowie das gewünschte Fahrtziel eingeben. Das System sucht dann automatisch über GPS (Satelliten-Ortung) den sich am nächsten befindenden UBER-Fahrer und fragt ihn, ob er die Fahrt übernehmen möchte.

Als Fahrer besitzt man eine spezielle Version der UBER-App. Dort taucht daraufhin die Fahrt-Anfrage mit allen Informationen auf, und der Fahrer kann dann per Klick die Fahrt übernehmen.

Abholort und Fahrtziel werden sofort per GPS-Navigation auf den Smartphones angezeigt. Gleichzeitig erhält der Kunde eine Bestätigung mit allen Angaben zur voraussichtlichen Abholzeit, dem Fahrzeug mit Kennzeichen sowie Infos über den Fahrer.

Außerdem errechnet die App zur Information vorab bereits den voraussichtlichen Fahrpreis.

Dieser wird nach Beendigung der Fahrt anhand der tatsächlichen GPS-Fahrtdaten aktualisiert und automatisch über die im System hinterlegten Kreditkarten-Informationen des Fahrgastes bargeldlos abgerechnet.

Der Fahrer erhält sein Fahrgeld – abzüglich des »UBER-Anteils« von z.Zt. ca. 25% – jeweils einmal wöchentlich automatisch überwiesen.

Das funktioniert bei mir in diesen ca. zwei Jahren der Zusammenarbeit bisher absolut einwandfrei!

Das ganze System ist somit sehr transparent und einfach … und ist damit sowohl für den Fahrgast als auch für den Fahrer sehr sicher.

Nach erfolgter Fahrt hat der Fahrgast auch noch die Möglichkeit, online eine Bewertung über die Fahrt und den Fahrer abzugeben, so wie es ja auch bei vielen Online-Händlern, Auktionshäusern etc. üblich ist.

Hier gibt es sogar seit kurzem eine neue eigene »Bewertungs-App«, die die Bewertung nochmals erleichtert und konkretisiert.

Dies sichert für alle Beteiligten zusätzlich einen hohen Qualitätsstandard der Fahrtabwicklungen mit möglichen Angaben über Höflichkeit, Sauberkeit, zum Fahrzeug, Fahrstil, Service etc.

Positive Qualitäten, die eigentlich in jedem Schweizer Taxi selbstverständlich sein sollten …

Warum ist UBER so erfolgreich?

UBER ist ein weltweit operierendes und top funktionierendes System.

Der Amerikaner oder Japaner, der z. B. am Schweizer Flughafen Kloten ankommt, kann mit der gleichen App, die er zuvor in New York oder Tokio für die Fahrt zum Airport genutzt hatte, auch in der Schweiz sofort seine UBER-Beförderung ordern. Nicht zuletzt durch das UBER-Bewertungssystem wird (zumeist) sichergestellt, dass der Fahrgast z. B. ein sauberes Fahrzeug und einen höflichen, freundlichen Fahrer antrifft, der die jeweils günstigste Strecke ohne kostenpflichtige Umwege fährt.

Das Konzept ist – wie bereits beschrieben – einfach, transparent, effektiv und sicher.

Und es ist natürlich vor allem preisgünstig für den Kunden!

Aufgrund des Systems mit selbstständig, also nicht angestellt fahrenden Chauffeuren, die ihre privaten PKWs nutzen und durch die komplette Abwicklung über die

App mit minimalem Verwaltungsaufwand, kann die Fahrpreisstruktur im Vergleich zum »klassischen« Taxi deutlich günstiger gestaltet werden.

Einige weitere Aspekte verstärken dies noch:

Ein privater, selbstständiger »UBER-Chauffeur« fährt üblicherweise nur dann, wenn er es möchte, also wenn es für ihn passt und tatsächlich mit einem lohnenden, hohen Fahrgastaufkommen zu rechnen ist.

Der »klassische« angestellte oder über eine Taxizentrale fahrende Taxifahrer hingegen ist meist an feste Arbeits-/Fahrzeiten gebunden … egal ob es Fahrgäste gibt oder nicht … und ob er sich in fahrgastärmeren Zeiten vielleicht sprichwörtlich am Taxistand »die Räder eckig steht«.

Der »normale« Taxifahrer hat also systembedingt üblicherweise deutlich weniger Fahrten … und daher versuchen die Fahrer und Taxi-Unternehmen, ihre Einkommen über höhere Fahrpreise zu sichern.

Da spielt aber irgendwann der Fahrgast nicht mehr mit:

Es gibt Grenzen dessen, was der Fahrgast bereit ist, für eine Taxifahrt auszugeben. Übersteigen die Kosten diese Grenzen, wird er versuchen, die Fahrtstrecke auf andere Weise, also privat oder vielleicht über öffentliche Verkehrsmittel, abzuwickeln …

… oder er bestellt sich einfach einen »UBER«.

Hierzu ein paar Zahlen anhand des Beispiels der Stadt Zürich:

In Zürich kostet bei einem »normalen« Taxi die Fahrt vom Flughafen Kloten zum Hauptbahnhof in der City ca. 60,– Sfr., in »Limousinen« sogar bis zu 120,– Sfr.

In einem »UBER-Fahrzeug« kostet die gleiche Strecke ca. 32,– Sfr., also nur ca. die Hälfte!

In Verbindung zu den anderen hier bereits kurz beschriebenen Vorteilen bei UBER ist es sicherlich kein Wunder, dass an vielen Taxiständen oft lange Schlangen von »normalen« Taxis auf Fahrgäste warten, während gleichzeitig die mit der UBER-App fahrenden Fahrzeuge nonstop eine Fahrt nach der anderen durchführen.

Natürlich macht der UBER-Fahrer pro Fahrt weniger Umsatz.

Aber: In der Regel hat er kaum Stand-/Wartezeiten und macht somit deutlich mehr Fahrten, was sich letztlich dann natürlich absolut positiv rechnet.

Aus meiner eigenen Erfahrung kann ich sagen, dass es im üblichen – quasi nonstop – Fahrbetrieb oft schon schwierig wird, neben den gesetzlich vorgeschriebenen Pausenzeiten eine zusätzliche kleine Toilettenpause einzulegen …

(Keine Sorge … es ist noch immer gut gegangen …)

Es liegt auf der Hand, dass daher die »klassischen Taxifahrer« natürlich nicht begeistert sind von der »UBER-Konkurrenz« … aber, hier muss dann wohl systembedingt ein Umdenken beim herkömmlichen Fahrer stattfinden. Das UBER-Konzept zeigt ja, wie es gehen kann …

Erste neue Trends zeigen inzwischen jedoch auch die Möglichkeiten der Kooperation zwischen UBER und lokalen Taxi-Chauffeuren bzw. Taxiunternehmen: Das heißt, einige Fahrer bzw. Taxi-Unternehmen schließen sich ihrerseits dem UBER-Konzept an und verwenden jetzt ebenfalls die UBER-App … *(Hoffentlich auch unter Berücksichtigung des »UBER-Qualitätsstandards« …)*

Wenn auch das passt, dann funktioniert hier also bereits das Prinzip »Kooperation statt Konfrontation« … gut so …!

Und hier noch ein paar passende Hintergrund-Informationen zur besonderen Situation in der Stadt Zürich:

Zürich hat die höchsten Taxipreise der Welt …

Zürich ist die teuerste Stadt in Europa und die zweitteuerste Stadt weltweit … *(Tipp: Solltest Du ein »Date« planen und auf Dein Portemonnaie schauen müssen … such Dir eine andere Stadt!)*

Zürich hat das höchste Einkommen in der Schweiz … *(wobei Frauen hier immer noch ca. 19 % weniger verdienen als Männer …).*

Zürich hat die höchsten Geldbußen für Verkehrsvergehen … selbst für kleinste »Verstöße«.

Zürich hat die meisten »Blitzkästen« …

Zürich hat die schnellste Polizei … wenn es um die Verteilung von Geldbußen für Parkverstöße geht …

Zürich hat ca. 450.000 Einwohner … und budgetierte Einnahmen an Bußgeldern in Höhe von jährlich 64 Millionen Sfr.!!!

Zürich steht kurz vor dem »Verkehrskollaps«

Zürich hat offenbar eine hohe Toleranz bei Verkehrsverstößen von Radfahrern ... (die oft rote Ampeln, Vorfahrtsituationen ... oder auch Fußgänger »übersehen« ...)

Und zum Thema »Verkehr« muss leider ebenfalls erwähnt werden, dass es in dieser Stadt auch sogenannte »Promenadenstraßen« gibt, die allen Fahrzeuginsassen beim Befahren eine kostenlose »Schlagloch-Massage« gönnen ... inkl. aus den Halterungen fliegenden Trinkflaschen, Handys etc ...

Zum Thema »Verkehrserziehung in Zürich« hier gleich schon einmal eine Geschichte, die ich erst kürzlich erleben »durfte«:

Während einer »UBER«-Schicht musste ich eines Abends gegen 21:00 Uhr eine kleine Pause einlegen.

Um einem »menschlichen Bedürfnis« nachzugehen und mir dann einen kleinen Imbiss zu besorgen, parkte ich meinen Wagen kurz vor einem Schnellrestaurant auf einem leeren Parkstreifen.

Als ich wenige Minuten später zurückkam, stand bereits unsere schnelle Züricher Polizei an meinem Wagen: Ich hatte tatsächlich »übersehen«, dass ich dort auf einem sogenannten »Lieferanten-Parkstreifen« stand, der tagsüber von Versorgungsfahrzeugen, Kleintransportern, Paketdiensten etc. genutzt wird … eine sinnvolle und hilfreiche Einrichtung.

Wie gesagt »tagsüber«, jedoch sicherlich nicht Abends und in der Nacht, wo dieser Parkstreifen zum Ladeverkehr natürlich nicht benötigt wird …

… aber eine weitere willkommene »Einnahmequelle« für die Stadt ist, wenn z. B. einmal ein Taxifahrer schnell einen Halteplatz benötigt.

Kurz: Alle Diskussionen mit den Polizisten halfen nichts, und ich hatte mir ein Bußgeld von 250,– Sfr. eingehandelt!

Ich denke, jeder kann nachvollziehen, wie ich »mit Wut im Bauch« davon fuhr. An der nächsten Kreuzung zeigte die Ampel vor mir »grünes Licht«, ich bog nach rechts ab … und übersah dabei, dass für die »Rechtsabbieger« eine separate Ampel dort stand … ja … und die zeigte auf »rot«!

Nochmals 250,– Sfr.!!!

Fazit dieser Schicht: Bußgelder in Höhe von 500,– Sfr. Für mich war dieser Abend gelaufen:

Ganz, ganz vorsichtig fuhr ich nach Hause …

Aber es gibt auch das »Positive« an Zürich:

Zürich hat auch die besten und zuverlässigsten Verbindungen im öffentlichen Nahverkehr (Tram/Straßenbahn, Bus, Bahnen) …

Zürich hat die besten Radios wie SRF1 sowie den Lokalradios »Radio 1«, »Radio 24« und »Radio Zürichsee« für Informationen über das Verkehrs-Chaos in Zürich und mit tollen Informationen über Politik, Kultur, Wirtschaft, Sport und das Partyleben. Und natürlich mit guter unterhaltsamer und abwechslungsreicher Musik …

Zürich hat die größte »Street-Parade« (Techno-Party) der Welt mit ca. 1 Million Besuchern …

Die Stadt ist aktuell Austragungsort des »Formel-E«-Rundstreckenrennens mit Elektro-Rennwagen …

… und bietet als absolutes »Highlight« das traditionelle jährliche »Sechseläuten« zum Frühlingsbeginn …

Und: Zürich ist nicht nur für seine zahlreichen touristischen Besucher die schönste Stadt der Welt … wegen des schönen Stadtbildes mit seiner Altstadt und natürlich auch wegen seiner Landschaften mit dem Zürichsee und den umgebenden Bergen …

Daneben bietet Zürich auch viel »Kultur«, von Architektur bis zu einer vielfältigen Palette an bildenden und darstellenden Künsten … und natürlich einem breitgefächerten Freizeitangebot.

Dieses »Für alles offen sein« mit internationalem »Multi-Kulti Flair« und die vorgenannten verkehrstechnischen und finanziellen Fakten erklären auch den Erfolg von UBER vor allem im Raum Zürich:

Warum sollte auch ein Fahrgast für eine »normale« Taxifahrt fast den doppelten Fahrpreis einer Fahrt mit UBER bezahlen, wenn er viel günstiger und bequemer seine Fahrt über UBER abwickeln kann … inklusive der bargeldlosen Abrechnung und eines anderen »Service-Konzeptes«?

Es ist tatsächlich einfach, bequem und preiswert … man hat kaum Wartezeiten, braucht nicht umzusteigen oder sich in verstopfte öffentliche Verkehrsmittel zu quetschen …

Tatsächlich: Die neue »Leidenschaft« der Züricher heißt »UBER« …

Warum fahre ich mit der »UBER-App«?

Wie bereits oben kurz erwähnt, bin ich ja seit einigen Jahren »Privatier« und inzwischen auch »frühzeitig pensioniert«.

Und, obwohl ich eigentlich jede Menge Hobbys habe, Wandern, Genießen von Natur und Einsamkeit, Skitouren, Surfen, meine Hunde, Lesen, Gartenarbeit, Werken … und natürlich das Alphorn (hierzu mehr später), spürte ich doch nach einiger Zeit: »Ich muss wieder ein wenig mehr unter die Leute gehen«.

»Party machen« und mit Anfang Sechzig durch die Clubs ziehen war irgendwie nicht wirklich eine Option …

Und bevor das passierte, schlug mir meine Frau eines Tages vor: »Fahre doch ein wenig Taxi und mache den ›Schein‹ dazu«.

Ohne Zögern lautete meine Antwort: »Niemals, nachdem ich so viele Kilometer in meinem Leben gefahren bin … und der heutige Verkehr, Staus, Baustellen …

und das alles noch in einer Stadt wie Zürich ... nein danke!

Keine drei Wochen später hörte ich im Radio ein Gespräch über UBER, bei dem ein – ebenfalls pensionierter – Herr ganz begeistert davon erzählte, wie es ihm riesigen Spaß macht, für ein paar Stunden in der Woche mit UBER »herumzufahren«.

Und er erzählte dort einige seiner lustigen Geschichten.

Plötzlich war ich Feuer und Flamme und meldete mich tatsächlich einige Tage später bei UBER an!

Und so startete ich mit meinem Volvo im damaligen »UBER Pop«-Konzept. Es war ja auch sehr einfach: App installieren, anmelden ... und losfahren.

Und was ich vorher nie gedacht hätte:

Das Ganze hat vom ersten Moment und von meiner ersten Fahrt an tatsächlich richtig Spaß gemacht!

Und Freude macht es mir auch immer noch ... vor allem wegen der vielen unglaublich interessanten Begegnungen mit den Menschen!

Über einige dieser Erlebnisse mit meinen Fahrgästen werde ich im Weiteren hier berichten ...

Natürlich wusste ich zu Beginn noch nicht, wie die »UBER-App« funktionierte. Aber nach der ersten Kundin (die mit einem Gipsbein kaum ein- und aussteigen konnte) und dem zweiten Fahrgast (bei dem ich gleich mein eingerostetes »Englisch« auffrischen musste), kannte sich gleich der dritte Kunde so gut mit der App aus, dass er sie mir genau erklären konnte.

Er ist bis heute ein guter Stammkunde von mir.

Inzwischen habe ich in das »UBER X«-System gewechselt. Das heißt, ich habe den Personenbeförderungs-Schein (»Taxi-Schein«) gemacht und meinen Volvo registrieren und mit einem »Taxameter« ausstatten lassen.

Und so melde ich mich mit der »UBER-App« immer dann an, wenn ich wieder einmal Lust darauf habe, »zu fahren«. Meist bin ich nachts für ein paar Stunden unterwegs, da dann üblicherweise einerseits noch mehr Fahrgäste unterwegs sind, andererseits aber auch der Verkehr deutlich reduziert und das Fahren viel entspannter ist.

Es macht einfach Spaß, direkt nach dem Anmelden die ersten Fahrtanfragen zu erhalten … und ich bin immer noch jedes Mal gespannt darauf, wer diesmal »in meine Welt« einsteigt und wohin die Reise geht …

Was macht mich als »UBER-Fahrer« so erfolgreich?

Nun, zunächst ist es meine Motivation, aus der heraus ich fahre. Diese liegt für einen »Pensionär« natürlich zunächst im Ausüben einer sinnvollen Aktivität, einer Aufgabe, die keine Langeweile aufkommen lässt. Okay, und natürlich erhalte ich auch mein Fahrgeld, bekomme darüber hinaus auch »Trinkgeld« und freue mich darüber. Dies ist sicherlich auch ein angenehmer »Nebeneffekt«.

Hierzu wieder ein paar Fakten:

Ich werde immer wieder von meinen Fahrgästen gefragt, ob es sich eigentlich für mich rentiert, da man ja als UBER-Fahrer alle Kosten wie PKW-Kosten, Benzin, Versicherungen etc. selber tragen muss. Meine einfache Antwort darauf ist stets:

Von NIX kommt NIX!

Es hängt also, wie bei jedem Selbstständigen, weitgehend davon ab, was man bereit ist »zu investieren«, also vor allem natürlich auch, wieviel Zeit man in seinem Wagen mit UBER verbringen möchte …

Bei mir sind es – in Abstimmung mit meiner Familie – ca. drei Tage in der Woche … und für mich sind die Einnahmen inklusive Trinkgeld völlig in Ordnung.

Wichtig hierbei ist jedoch auch eine ehrliche und sorgfältige Berechnung zwischen Aufwand und Ertrag:

Hierzu gehört vor allem die Tatsache, dass das verwendete Fahrzeug weitgehend »abgeschrieben« sein sollte … und dennoch natürlich technisch und optisch in einem Top-Zustand sein muss.

Auch hier ist mein Volvo sicherlich ein absoluter Glücksfall, da er selbst mit seinen heutigen ca. 280.000 Kilometern noch das Potential für weitere 200.000 Kilometer hat!

Ich kenne einen Weinhändler, der mit dem gleichen Volvo XC70 Modell sogar inzwischen mehr als 700.000 Kilometer gefahren hat!

Mit diesen Infos möchte ich deutlich sagen, dass es keinen Sinn macht, mit einem teuren Luxusschlitten und riesigen monatlichen Finanzierungs- oder Leasingraten »UBER« zu fahren.

Man sollte also schon »etwas« rechnen können … aber dann ist es sicherlich auch möglich, bereits mit dem Trinkgeld die Grundkosten zu decken.

Natürlich ist aber auch besonders das Trinkgeld abhängig davon, was ich bereit bin »zu geben«:

Also, schaffe ich es, meinem Fahrgast rundum eine schöne Fahrt zu bereiten, ihm neben dem reinen Transport von »A« nach »B« auch so etwas wie einen »Wohlfühlfaktor« zu vermitteln?

Wenn mir das gelingt, kann ich mir bald einen festen Kundenstamm schaffen, mit dem es tatsächlich auch auf menschlicher Ebene zu einer schönen »Win-win«-Situation voller Vertrauen, Respekt, Harmonie, Freude … ja und sogar bis zur Freundschaft kommen kann.

Natürlich bleibe ich wachsam in Bezug auf die Kosten-/Umweltbilanz meines Volvos. Hier scheinen natürlich die neuen elektrisch betriebenen Fahrzeuge tatsächlich einige Vorteile zu bieten.

Aber … auch hier ist ja Volvo schon mit einer riesigen Palette an neuen »Hybrid«- und »E-Modellen« mit weltweit führenden, innovativen und zukunftweisenden Technologien in Sachen Sicherheit, Komfort und »Umwelt« am Start …

Kommen wir zurück zu meiner »Motivation«, mit der UBER-App zu fahren.

Wie schon kurz beschrieben, faszinieren mich vor allem die vielen Begegnungen mit interessanten Menschen … und die tollen spontanen Gespräche.

Und diese Erfahrungen und das Verständnis einiger Hintergrund-Prinzipien haben mich zu einem grundsätzlich glücklichen und dadurch »entspannten« Menschen werden lassen.

Mit dieser entspannten Grundhaltung begrüße ich meine Fahrgäste, die diese relaxte Atmosphäre in meinem Wagen oft sogleich wahrnehmen können.

Das nächste, was vielen Gästen sofort positiv auffällt, ist mein hier ja bereits kurz erwähnter »Dienst-Wagen«:

Ein schwarzer Volvo XC70 Kombi mit beigem Leder-Interieur und Allrad-Antrieb (4 × 4).

Ich achte darauf, dass der Wagen – neben einem Top-Wartungszustand – stets sauber und aufgeräumt ist. Die Großzügigkeit und Bequemlichkeit dieses Fahrzeugs führen darüber hinaus bei vielen meiner Gäste bereits zu Beginn einer Fahrt zu positiven Reaktionen. Der angenehme Fahrkomfort in Verbindung mit einer entspannten, sicheren und dennoch zügigen Fahrweise sind ein weiterer Wohlfühlfaktor.

Im Übrigen: Seit mehr als 45 Jahren fahre ich unfallfrei und – ich habe es mal hochgerechnet – habe dabei zusammen genommen bisher in meinem Leben (privat und geschäftlich) ca. 3,6 Millionen Kilometer im PKW zurückgelegt!

Seit 35 Jahren schwöre ich darüber hinaus auf meine Volvos! Komfort, Sicherheit und Zuverlässigkeit sind unübertroffen!

Und das muss natürlich auch einmal gesagt werden: Ohne meine Top zuverlässige Volvo Garage (Werkstatt und Händler) »Albin Herzog AG« in Ottenbach (Zürich), die meine Fahrzeuge seit 35 Jahren betreut, hätte ich ja vielleicht doch irgendwann einmal die Automarke gewechselt.

Ein weiteres wichtiges Element ist die Musik-Atmosphäre im Wagen.

Ich achte darauf, im Hintergrund meistens eine passende Musik laufen zu lassen. Oft ist es eine relaxte, sinnlich entspannende und wie man heute sagt »chillige« Musik, die unaufdringlich, aber dennoch wirksam die Stimmung an Bord positiv beeinflusst.

Durch meine noch von früher bestehenden Kontakte zum Musikgeschäft habe ich inzwischen auch selber einige CDs produzieren können, deren Musik fast immer auf positive Resonanzen bei meinen Fahrgästen trifft. *(Mehr dazu im Anhang zu diesem Buch)*

Natürlich: Über Geschmack – und vor allem über »Musikgeschmack« – lässt sich bekanntlich nicht streiten. Der ist so vielfältig wie es Menschen gibt, ist sehr stark situations- und stimmungsabhängig und darüber hinaus auch eine Generationsfrage. Und so kann es z. B. sein, dass es vielleicht für einige jugendliche Fahrgäste besser passt, eine etwas »dynamischere« Musik auszuwählen, vielleicht auch per Autoradio über »SRF 1«, »Radio 1«, »Radio 24« und »Radio Zürichsee« … (das sind die ja bereits erwähnten am meisten von meinen Fahrgästen gewünschten und tatsächlich auch die besten Radio-Stationen im Raum Zürich) …

… oder wir schließen direkt den MP3-Player oder das Handy des Gastes mit seiner eigenen Musikauswahl an die Autoanlage an.

Vielleicht braucht der Gast aber auch einfach einmal seine Ruhe … ohne Musik …

Hier ist einfach das entsprechende Einfühlungsvermögen gefragt.

Noch etwas Wesentliches zum Thema »Musik«.

Wie schon kurz erwähnt:

Als »echter Schweizer« spiele ich das Alphorn.

Für alle, die das Instrument (noch) nicht kennen:

Das Alphorn ist – in der bei uns hauptsächlich genutzten Version – ein ca. 3,50 Meter langes, leicht konisches Holzrohr, das am unteren Ende nach oben gebogen ist und eine breitere Öffnung hat, am oberen Ende schmaler und mit einem Mundstück versehen ist.

Das Alphorn war ursprünglich ein Hirteninstrument, welches in vielen Bergregionen der Welt, vor allem aber in der Schweiz, beheimatet ist. Es ist ein klanggewaltiges Instrument, das in den Bergen über mehrere Kilometer hörbar sein kann und dadurch in früheren Zeiten als Kommunikations-Medium gebraucht wurde.

Sozusagen »das Handy« unserer Vorfahren … *(natürlich ohne es dauernd am Ohr zu haben …)*

Es ist ein Naturinstrument, welches für viele Menschen Einfachheit und Natürlichkeit symbolisiert.

Aufgrund seiner Bauart ohne Tasten oder Klappen können nur die Grundtöne der sogenannten Naturtonreihe durch unterschiedliches Anblasen erzeugt werden.

Das Alphorn hat einen wunderbar warmen, organischen Klang, der »zu Herzen geht« und der sich am besten in den Bergen, vielleicht sogar mit einem natürlichen Echo entfalten kann.

Ich spiele das Alphorn seit vielen Jahren, oft allein bei meinen Wanderungen durch die Berge und unsere wunderschöne Natur, manchmal im Duett mit einem Alphorn-Freund und regelmäßig auch als Teil eines größeren Alphorn-Ensembles.

Ich habe mein Alphorn fast immer dabei; auch wenn ich »UBER« fahre begleitet es mich, und es sorgte bereits oft für interessante Situationen mit meinen Fahrgästen.

Natürlich lässt sich mein fast 3,50 m langes Alphorn zum Transport in 3 Teile auseinandernehmen … denn auch mein Volvo XC70 Kombi hat nur eine begrenzte Ladefläche …

Kommen wir zurück zu den Hintergründen meines Erfolges als »5-Sterne-UBER-Fahrer«:

Den nächsten und beinahe wichtigsten Aspekt einer angenehmen Beförderungssituation für den Fahrgast – und damit natürlich auch für mich – möchte ich mit dem Begriff »Service« zusammenfassen.

Hierzu gehört es z. B., den Fahrgast vielleicht schon außerhalb des Fahrzeugs zu begrüßen, um ihm beim Einladen von Gepäck und beim Einsteigen behilflich zu sein und – wie bereits zu Anfang erwähnt – mich vorzustellen.

Und last not least gehören natürlich vor allem die Gespräche mit den Fahrgästen dazu.

Den Einstieg hierzu schafft oft bereits meine Begrüßung wie z. B. »Willkommen in der Wärme« (*oder »Kühle« … je nach Jahreszeit*), verbunden mit der Frage nach seinem Namen (*auch zur Identifizierung, ob ich den »richtigen« Fahrgast getroffen habe*).

Danach stelle ich meist eine Einstiegsfrage, die dann oft der Start in ein interessantes Gespräch ist über das Leben, die Liebe, Politik und die Gesundheit.

Diese Aspekte meiner Tätigkeit als »UBER-Fahrer« haben dazu geführt, dass ich inzwischen im UBER-Bewertungssystem bisher weit über 2000 Bewertungen mit 5 Sternen erhalten habe und somit auf eine

Gesamtbewertungsnote von »5« Sternen gekommen bin. (*Stand Anfang 2018*)

Dies scheint auch intern ein »UBER-Rekord« zu sein und ich darf mich daher wohl »5-Sterne-UBER-Fahrer« nennen.

Nachfolgend nun ein paar wahre Geschichten zum Staunen und Schmunzeln …

Internationale Begegnungen

Die japanische Organistin

Über die App wurde ich zum Züricher Flughafen »Kloten« gerufen.

Dort erwarteten mich meine Fahrgäste:

Eine kleine japanische Familie, bestehend aus einer jungen Frau mit ihren Eltern.

Was zunächst auffiel, war die riesige Menge an Gepäck.

Ein Koffer war besonders auffällig, weil er zwar klein, aber besonders schwer war. Wie sich später herausstellte, enthielt er sage und schreibe 45 Kilogramm japanischen Reis, den sie direkt aus Japan mitgebracht hatten!

In dem folgenden, während der Fahrt stattfindenden angeregten Gespräch erfuhr ich, dass die junge Japanerin in ihrer Heimat eine sehr bekannte Organistin ist. Seit (damals) vier Jahren lebt sie in der Schweiz und gibt dort Orgelunterricht.

Das nächste, was folgte, war eine Einladung zu einem Orgelkonzert mit ihr am nächsten Sonntag in der bekannten Klosterkirche in Kappel am Albis.

Nur zu gerne nahmen meine Frau und ich diese Einladung an … und durften ein tatsächlich besonderes Konzert erleben. Diese Japanerin spielte die Orgel mit so viel Gefühl, dass es buchstäblich unsere Herzen berührte und wir jetzt wussten, warum sie in Japan so bekannt ist.

Nach dem Konzert war ich noch so bewegt, dass ich spontan mein Alphorn hervorholte und auf dem Klosterplatz für die verbliebenen Konzertbesucher das Alphorn erklingen ließ … sehr zur Freude der anwesenden Besucher und vor allem der Organistin.

Ich bin mit der japanischen Organistin auch heute noch befreundet.

Als ein echter »Fan« von ihr durfte ich im Laufe der Zeit mehrere Konzerte mit ihr genießen …

Inzwischen hat sie geheiratet und auch ein Kind bekommen.

Und hier eine weitere interessante Begegnung mit japanischen Fahrgästen:

Die drei Japaner und das Alphorn

Wieder einmal vermittelte mir die UBER-App eine Abholung vom Flughafen Kloten.

Diesmal waren es drei japanische Herren, offenbar Geschäftsleute, die vom Flughafen nach Luzern gefahren werden wollten.

Es entwickelte sich ein sehr angeregtes Gespräch über das Verhältnis zwischen Japan und der Schweiz.

Wir unterhielten uns über die Banken, über wirtschaftliche und politische Systeme, über die tiefen Traditionen beider Länder, Gemeinsamkeiten und Unterschiede und buchstäblich über »Gott und die Welt«.

Die Japaner zeigten sich begeistert von den wunderschönen Landschaften, durch die wir fuhren, und von der Schönheit der Natur.

Sie bemerkten die Kühe auf den saftigen Weiden und das charakteristische Bimmeln ihrer Glocken. Dies führte unser Gespräch in Richtung »Musik«.

Ich erzählte den Fahrgästen einiges über unsere traditionelle Schweizer Volksmusik und erwähnte dabei natürlich auch das Alphorn.

Großes ungläubiges Erstaunen – und drei nach hinten verdrehte Köpfe – rief vor allem meine Information hervor, ich hätte ein 3,50 Meter langes Alphorn hier im Wagen.

Jetzt wollten sie es wissen:

Also nahm ich die nächste Ausfahrt und fuhr ein Stück hoch in die Berge. Hier stiegen wir aus, ich baute mein Alphorn zusammen und blies für meine Gäste einige Stücke in der unberührten Natur.

Zu unser aller Freude hatte ich – zufällig – einen Ort in der schönen Landschaft gefunden, bei dem durch eine gegenüber liegende Felswand ein leichtes Echo den Klang meines Alphorns noch einmal reflektierte und verfeinerte.

Diese Szene rührte meine japanischen Gäste buchstäblich zu Tränen.

Und dann geschah etwas völlig Unerwartetes:

Einer der Japaner zückte seine Brieftasche … und schrieb einen Scheck über 2.800,– Sfr. aus, den er mir überreichte! Völlig verblüfft lehnte ich zunächst die Annahme ab, doch der Japaner bestand darauf, dass ich dieses Geld dazu verwenden solle, mit meiner Frau nach Tokio zu fliegen!

Seine einzige Bedingung war, dass ich mein Alphorn mitbringen solle!

Bisher konnte ich dieser Einladung noch nicht folgen … aber eines Tages werde ich dann wohl irgendwo in Japan mein Alphorn erklingen lassen …

Die Familie aus Südafrika und das Alphorn

Diese Familie, Eltern mit zwei kleineren Kindern, kam aus Kapstadt in Südafrika.

Sie hatten bereits eine lange Reise aus Kapstadt hinter sich und wollten nun per »UBER« von Zürich nach Basel gebracht werden.

Vor allem für die Kinder wurde die Müdigkeit auf der Fahrt zunehmend ein Problem.

Um sie abzulenken und zu motivieren, stellte ich ihnen zum Ende der Fahrt in Aussicht, ihnen auf dem

Alphorn etwas vorzuspielen. Diese Motivationshilfe funktionierte tatsächlich, die Kinder blieben ohne das sonst übliche »Quängeln« wach.

In Basel fand ich einen ruhigen Ort in der Natur und gab der Familie ein kleines privates »Alphorn-Konzert«. Alle waren begeistert und die Kids hatten vor allem viel Freude daran, einmal selbst in das riesige Horn zu blasen und den ein oder anderen Ton zu erzeugen.

Mein Adressbuch ist jetzt um eine Adresse in Kapstadt reicher … und ich um die Bekanntschaft einer sehr netten Familie mit einer tatsächlich ernst gemeinten Einladung nach Südafrika …

Der Iraner und sein Hund

Er ist Iraner und hat einen tollen Hund als Lebensbegleiter. Es blieb in unserem ersten Gespräch an Bord nicht nur beim Thema »Hunde«. Nein, wir tauschten uns über viele Themen aus … und ich lernte ihn als einen unglaublich gebildeten und geistig weit entwickelten Menschen kennen. Ein Mensch, der aufmerksam zuhören, aber wenn es passt, auch sehr kluge Einsichten äußern kann.

Er ist mir inzwischen ein sehr lieber »Stammkunde« geworden … und auch unsere Hunde verstehen sich prima, wenn wir wieder einmal einen unserer gemeinsamen Spaziergänge durch die Natur machen …

Die Fahrt mit den türkischen und kurdischen Freunden

Es war eine denkwürdige Fahrt mit vier jungen Männern. Wie so oft kamen wir rasch ins Gespräch und es stellte sich heraus, dass es zwei Türken und zwei Kurden waren, die tatsächlich miteinander befreundet waren.

Ich war natürlich überrascht von dieser Freundschaft, da ja die Politik und deren Sprachrohre, die »Medien«, uns eher von den großen Problemen zwischen diesen beiden Völkern berichten, als von Freundschaften.

Es entwickelte sich eine hochinteressante Diskussion, in deren Verlauf wir übereinstimmten, dass die Probleme nicht bei den Menschen selbst liegen, sondern durch die Politik hervorgerufen werden.

Wir »entwarfen« zusammen einen universalen Steckbrief mit folgenden grundsätzlichen Gemeinsamkeiten:

Geburtsort:	Erde
Rasse:	Mensch
Politische Gesinnung:	Freiheit
Religion:	Liebe

Es war ein tolles Gespräch, welches wir nach Beendigung der Fahrt noch bei einem gemeinsamen Pizza-Essen fortführten ...

Der Abschiedssatz eines der Freunde ist mir dabei noch besonders in Erinnerung geblieben:

»Wir wollen zu allen Lebewesen freundlich sein! Das ist die wahre Religion«.

Ich war gerührt und berührt von diesem erfüllten Abend, der mein Herz singen ließ!

Die verschleierte »Nikab«-Frau mit den lächelnden Augen

Die Schweiz und vor allem Zürich ist – wie oben schon beschrieben – aus vielen Gründen oft Ziel von Besuchern aus dem Ausland.

Nicht nur Japaner, sondern Besucher aus aller Welt sind hier zu Gast … und oft auch Fahrgäste in meinem Volvo.

So führte mich eine Fahrt von einem Züricher Nobelhotel zum Flughafen Kloten. Meine Fahrgäste waren eine Frau und ein Mann offenbar arabischer Herkunft.

Während der Mann »westlich« gekleidet war, trug die Frau eine sogenannte »Nikab«, eine traditionelle arabische Vollverschleierung, die lediglich einen Sehschlitz für die Augen offen ließ.

Beide begrüßten mich sehr höflich … wobei mir die durch die Sehschlitze erkennbaren Augen der Frau, die zu lächeln schienen, noch sehr in Erinnerung geblieben sind. Danach wandte sich der Mann konzentriert seinem Handy zu.

Nach anfänglicher Stille entwickelte sich dann jedoch offenbar ein Streit zwischen den beiden, den sie kurz, aber mit arabischem Temperament lautstark verbal austrugen.

Als wir am Flughafen angekommen waren und das Gepäck ausgeladen hatten, reichte mir der Mann zum Abschied die Hand, während die Frau die Hände vor der Brust zum »indischen Gruß« faltete und eine leichte Verbeugung andeutete.

Arabische Frauen dürfen ja keine Hände schütteln …

Aber, ich sah durch die Sehschlitze noch einmal ihre Augen, die tatsächlich wunderschön zu lächeln schienen …

… vielleicht wirkten sie aber auch ein wenig traurig …?

Bewegende Erlebnisse

Neben den vielen freudvollen und erhebenden Begegnungen gab es auch bewegende – und sogar dramatische Erlebnisse in meinem UBER-Wagen.

Eine UBER-Fahrt als Lebensretter

Es war gegen 2:00 Uhr in der Nacht, als ich über die App eine Fahrtanfrage aus einem Wohngebiet in der unmittelbaren Nähe erhielt. Ich war quasi sofort da … und traf eine junge Mutter mit ihrem ca. 4 Monate alten Säugling an. Der Kleine hatte massive Atemprobleme und schien kurz vor dem Ersticken zu sein. Ihr Versuch, schnell einen Krankenwagen per Telefon zu rufen war nicht erfolgreich gewesen, da wohl alle Wagen im Einsatz bzw. zu weit weg waren.

Daher hatte sie die Idee mit der UBER-App, die anzeigte, dass ich mit meinem Wagen in direkter Nähe war.

Ich gebe zu, dass ich auf dieser Fahrt ins Kinderspital unter Missachtung sämtlicher Verkehrsregeln viel zu schnell unterwegs war … aber hier ging es offenbar um Leben und Tod … und nur das zählte.

Es gelang mir sogar, noch während der Fahrt im Spital anzurufen und uns dort anzumelden.

Daher standen bei unserer Ankunft bereits die Ärzte bereit: Das Kind konnte gerettet werden!

Die Irrfahrt im Winterwald

Ein andere, durchaus dramatische Fahrt hatte ebenfalls ein »Happy End«:

Es war in einer bitterkalten Winternacht gegen 23:30 Uhr. Meine Fahrgäste waren vier nette junge Männer, die zu einer Party wollten, die in einer Waldhütte stattfinden sollte. Wie sich bald herausstellte, lag die angegebene Adresse wohl tatsächlich mitten in einem abgelegenen und zudem tief verschneiten Waldgebiet. Darüber hinaus bestand in dieser Einöde kein GPS-Satelliten Empfang.

So kam es, dass wir bei Minus 26 Grad im Schnee »querfeldein« durch den Winterwald irrten und eine Waldhütte suchten. Wieder einmal war ich sehr froh, mit meinem Volvo ein wintertaugliches Allradfahrzeug zu fahren!

Mehrfach boten mir die Jugendlichen an, zu Fuß weiter zu suchen, um meine Zeit nicht weiter zu belasten ... aber, die Jungs waren für eine »Nachtwanderung« durch den Winterwald in ihrem sommerlichen Party-Outfit völlig unpassend gekleidet, sodass ich es ablehnte, sie dort aus dem Wagen zu lassen. Das wäre lebensgefährlich gewesen!

Natürlich hatte ich die offizielle Fahrtenbestellung mit der laufenden Berechnung längst beendet, um die Fahrtkosten nicht in die Höhe zu treiben ... für mich gehört das ebenfalls zum Service ... zum Wohle aller!

Meine Beharrlichkeit und Geduld wurden dann letztendlich von Erfolg gekrönt:

Durch die Bäume schimmerte irgendwann das Licht der Hütte ... und ich konnte meine dankbaren Fahrgäste sicher auf ihre Party entlassen.

Die verzweifelte junge Frau

Gegen 3 Uhr morgens erhielt ich einen Abholauftrag vom Züricher Hauptbahnhof.

Ich fand dort eine junge Frau vor, die mir weinend erklärte, dass sie wegen einer sogenannten »Überzeit« von 3 Minuten auf das Nachtzug-Ticket einen Strafzuschlag von 100,– Sfr. auf ihr Bahnticket zahlen musste.

Abgesehen von der Kleinlichkeit und Unverhältnismäßigkeit der Kontrolle und des Bußgeldes waren diese 100,– Sfr. ihr Restgeld für den Monat!

Ohne zu zögern schenkte ich ihr spontan die 35,– Sfr. Trinkgeld, die ich an diesem Abend bisher erhalten hatte …

Es war schön zu erleben, wie sich ihre Verzweiflung in Dankbarkeit und Freude verwandelte.

Darüber hinaus schenkte sie mir noch eine herzliche Umarmung …

Gratisfahrten

Ich habe ja bereits das UBER-Bewertungssystem beschrieben.

Hier hat jeder Fahrgast die Möglichkeit, die durchgeführte UBER-Fahrt zu bewerten hinsichtlich verschiedener Faktoren wie »Sauberkeit«, »Fahrtqualität«, »Freundlichkeit des Fahrers«, »Service« usw. Wie in anderen Online Bewertungs-Systemen gibt es auch hier die Möglichkeit, 1 bis 5 Sterne zu vergeben, wobei »1 Stern« eher »unterirdisch« bedeutet und »5 Sterne« eben die »Bestnote« darstellen.

Erfreulicherweise konnte ich im Rahmen meiner UBER-Tätigkeit bisher – wie ja bereits erwähnt – fast ausschließlich »5-Sterne« Bewertungen sammeln.

Irgendwann im Jahre 2017 kam dann der Moment, wo eine »Jubiläumsfahrt« anstand, nämlich die 1000ste Fahrt, mit der Chance, wieder eine 5-Sterne Bewertung zu erhalten.

Für diesen Fall hatte ich mir vorgenommen, meinem Fahrgast dann eine Gratisfahrt zu schenken.

Es ergab sich, dass meine »Jubiläumsgäste« eine hochschwangere Frau mit ihrem Mann waren.

Auch mit diesen netten Gästen hatte ich wieder eine so schöne und interessante Begegnung, dass sie mir tatsächlich zum Ende der Fahrt eine »5-Sterne« Bewertung ankündigten.

In diesem Moment lüftete ich mein Geheimnis und erklärte ihnen, dass sie damit meine 1000ste »5-Sterne« Bewertung abgeben würden und sie daher meine »Jubiläumsgäste« seien.

Deshalb wäre diese Fahrt für sie gratis.

Darüber hinaus war es mir noch ein Bedürfnis, ihnen zusätzlich 20,– Sfr. zu schenken mit der Bitte, für das kommende Baby ein Sparbuch einzurichten …

Wie ich später erfuhr, haben die beiden – neben der »offiziellen« Bewertung – auch noch eine persönliche Danksagung an die UBER-Zentrale geschickt …

Ende des Jahres 2017 stand ein weiteres »Jubiläum« an: Die »5-Sterne«-Bewertung Nr. 1.500!

Hier stellte sich während der Fahrt heraus, dass mein Fahrgast aus besonderen Gründen dringend etwas Bargeld benötigte.

Neben der Gratisfahrt zum »Jubiläum« konnte ich ihm natürlich mit einem 20,– Sfr. Schein helfen.

So funktioniert das System: Leben und leben lassen …

… ohne Erwartungen … auch bei der Personenbeförderung.

Der Millionär, der seine Firma verschenkte

Zu diesem Thema passt auch die Geschichte, die ich mit diesem Fahrgast erlebte:

Es war ein Herr um die sechzig. Er erzählte mir, dass er ein erfolgreicher Unternehmer gewesen war, der eine gut gehende Firma aufgebaut hatte.

Er betonte:
»Ohne meine langjährigen Mitarbeiter wäre ich niemals so erfolgreich geworden. Ihnen kann ich es also verdanken, im richtigen Moment loslassen zu können!«

Als es nun darum ging, sich aus Altersgründen aus dem Geschäft zurückzuziehen und klar wurde, dass es innerhalb seiner Familie keinen Nachfolger zur

Weiterführung der Firma gab, fällte er kurzerhand die Entscheidung, aus Dankbarkeit die Firma an seine langjährigen Mitarbeiter zu »verschenken«!

Seitdem wird die Firma – weiterhin sehr erfolgreich – durch seine ehemaligen Mitarbeiter weitergeführt, die jetzt allesamt an der Firma beteiligt sind.

Das nennt man »Zum Wohle aller Beteiligten«! Ein tolles Modell.

Und er kann heute sehr zufrieden auf sein Lebenswerk zurückblicken …

Mein UBER-Wagen als »Schminkstube«

Eine der wichtigsten Fragen, die sich häufig bei einer »Frühschicht«, also morgens gegen 7 Uhr, stellt:

Was macht eine Frau, die morgens verschlafen hat, dringend zur Arbeit muss und daher keine Zeit mehr hatte, sich zu schminken?

Die Antwort:
Sie bestellt sich einen »UBER-Wagen« – vorzugsweise einen bekannten »Stammfahrer« …

Dort nimmt sie dann auf dem Beifahrersitz Platz, klappt die Sonnenblende herunter … und beginnt »mit der Arbeit« vor dem Spiegel:

Manchmal sind es nur »Retouche-Arbeiten«, manchmal aber auch schon halbe »Altbau-Sanierungen«, die da auf dem Beifahrersitz stattfinden. Manchmal ist das Ergebnis tatsächlich »sehenswert«, manchmal passt aber auch der Spruch »weniger wäre mehr«.

Kurz, der »Vorher-nachher«-Vergleich zwischen den Damen, die ungeschminkt einsteigen und die dann irgendwann fertig bemalt meinen Wagen verlassen, ist schon erstaunlich. Sowohl manchmal im »Positiven« – als auch öfter im »Negativen«.

Und für mich als Fahrer sind das auch Fahrten mit einer besonderen Herausforderung:

Muss ich doch noch sanfter und vorsichtiger fahren als sonst, damit sich die Dame weder den Kajalstift ins Auge rammt, noch mit dem Lippenstift quer durchs Gesicht malt.

Hier gilt für mich äußerste Achtsamkeit und Vorausschau im Verkehr, möglichst nicht bremsen oder beschleunigen und Schlaglöcher unbedingt vermeiden …

… und das ganze auch noch in fröhlicher Stimmung, damit bei den Damen keine peinlichen Gefühle aufkommen.

Ja, und es kam auch schon vor, dass ich als Mann meinen ehrlich und gut gemeinten Rat gab:

»Das Glück des Lebens ist ein Mensch ohne Maske: Du siehst viel schöner, natürlicher und sympathischer aus … ohne Schminke«. Und dies hat tatsächlich schon dazu geführt, dass sich manche Damen nur noch dezent schminken … und sogar glücklich über diese Erfahrung sind.

Übrigens: Ich hatte morgens erst ein einziges Mal einen männlichen Fahrgast, der verschlafen hatte … und noch nie einen Mann im Wagen, der sich während der Fahrt geschminkt hat …

Und wenn ich eine meiner beliebten »Frühschichten« fahre, habe ich auch immer mindestens »2 Croissants« für die Damen dabei, damit der Tag zumindest in diesem Bereich entspannt und ohne Stress beginnen kann …

»Mental-Training« ... und was es für mich bedeutet

Viele der Begegnungen in meinem »Dienstwagen« zeigten mir bereits zu Beginn eines Gesprächs, dass mein Fahrgast, bzw. meine Fahrgäste in der ein oder anderen Problemsituation feststeckten.

Oft waren das gesundheitliche Probleme, vielfach aber auch Beziehungs- oder allgemeine Lebenskrisen.

Da ich mich – wie ja bereits erwähnt – bereits jahrzehntelang mit den Themen »mentales Training«, »Persönlichkeits-Entfaltung«, »gesunde/natürliche Lebensführung« und, verbunden damit, auch mit »alternativen Heilmethoden« beschäftigt habe, konnte ich auch meinen Fahrgästen manch einen Hinweis zum Lösen ihres Problems geben.

In diesem Zusammenhang sei hier einer meiner Lebens-Leitsätze vorangestellt:

»NIPSILD«:

»Nicht in Problemen sondern in Lösungen denken!«

Was ist das für eine »Zauberformel«?

Ganz einfach:

Sie setzt zunächst einmal voraus, ein tiefes inneres Verlangen danach zu haben, vom Leben zu lernen.

Das heißt, zu enträtseln, wie unser Verstand funktioniert und eine Bereitschaft und Entschlossenheit dafür zu entwickeln, »Glück«, »Erfolg« und »Zufriedenheit« wirklich ZU LEBEN!

Wie kann das funktionieren?

Nun, indem ich mir immer wieder einige Grundregeln eines auf »geistigen« Prinzipien basierenden Lebens ins Bewusstsein rufe und hierzu vor allem mit den Werkzeugen der »Aufmerksamkeit« und der Vorstellungskraft, also der »Imagination« in Verbindung mit einem intensiven »Hineinfühlen« arbeite.

Und »was stelle ich mir vor«?

Natürlich stelle ich mir das vor, was ich mir wünsche, nämlich grundsätzlich sicherlich, dass ich in meinem Leben glücklich, erfolgreich und zufrieden bin!

Also kreise ich nicht gedanklich ständig um das – natürlich meist noch vorhandene – »Unerwünschte« in meinem Leben, sondern ich richte die Aufmerksamkeit gezielt auf das, was in mein Leben treten soll.

Natürlich muss ich hier zunächst eine klare Entscheidung treffen, »was ich will«!

Leider wissen die meisten Menschen nur, »was sie nicht wollen« …

Das Prinzip heißt auch »Gleiches zieht Gleiches an«, daher ziehen positive Gedanken und Gefühle positive Lebenssituationen an … und dadurch treffe ich z. B. auf meinen Fahrten auch oft so interessante und wunderbare Menschen …

Zur effektiven Umsetzung der mentalen Techniken ist eine Grundvoraussetzung, meinen Geist zur Ruhe und Klarheit zu bringen.

Dies erreiche ich über die »Entspannung« … z. B. durch Techniken wie dem sogenannten »autogenen Training«, über »Meditation« oder auch einfach mithilfe von »Entspannungsmusik«.

Oder wir gönnen es uns – vielleicht als »tägliches Ritual« – einfach mal, »nichts zu tun«, »Ruhe« zu genießen, uns Zeit zum Nachdenken zu geben …

… und vor allem auch einfach mal das Handy ausgeschaltet zu lassen …

Und in der Ruhe liegt die Kraft!

»Mental« kommt vom lateinischen Wort »mens«, was soviel wie »Geist« bedeutet.

Viele kennen dieses Wort im Zusammenhang mit dem lateinischen Spruch:

»mens sana in corpore sano« – »Ein gesunder Geist in einem gesunden Körper«.

In diesem Satz wird schon auf die untrennbare Verbindung zwischen Körper und Geist als den beiden Haupt-Aspekten der Persönlichkeit hingewiesen.

Unser »Geist«, also das Zusammenspiel von Denken und Fühlen, von Sinneswahrnehmungen und der »Intuition«, von Erfahrung und Erkenntnis wird auch »Bewusstsein« genannt.

Und dies ist ein sehr machtvolles Instrument!

Wenn wir uns mit den Grundlagen des »mentalen Trainings« – auch »Bewusstseinsschulung« genannt – beschäftigen, erfahren wir, dass wir in unserem Leben genau das »erleben« und »erfahren«, was wir »denken, fühlen und uns vorstellen«.

Wir »erleben« tatsächlich die Inhalte unseres Bewusstseins.

Materie ist sozusagen »geronnener Geist« ... wie es ein großer geistiger Lehrer einmal ausdrückte.

Nochmals auf einen einfachen Nenner gebracht:

Wenn ich somit wirklich – ohne daran zu zweifeln, also voller Vertrauen und »Glauben« (!) – »Gutes« denke, werde ich auch »Gutes« erleben ... und umgekehrt!

Ständiges Jammern und Klagen zieht ebenfalls Menschen an, die jammern und klagen!

Der Umgang mit negativen Menschen erschwert es Dir, selber »positiv« zu sein ... und da du sie ohnehin nicht durch Deine Positivität verändern können wirst, gilt als bester Tipp in solchen Situationen:

Sei einfach höflich, tritt zur Seite ... und lass' das Leben ihre Lehrer sein.

Ein weiteres wichtiges Prinzip:

Dort, wo meine Aufmerksamkeit hingeht, dorthin folgt mein Leben!

Sicher!

Und hierin liegt andererseits für viele Menschen auch das Problem:

Sie richten ihre Aufmerksamkeit eher auf die »negative« Interpretation einer Situation ... für sie ist das berühmte Glas also »halb leer, statt halb voll«.

Und dementsprechend gestaltet sich für sie auch ihr Leben. Das ist es, was sie in ihrem Leben »anziehen«.

Auch »Angst« vor etwas zu haben, ist sicherlich als Beispiel für »negatives Denken« nicht förderlich für ein glückliches Leben. Angst zieht genau das an, wovor ich mich ja »fürchte« und lässt keinen Raum für das, was ich mir eigentlich wünsche, nämlich Vertrauen und Glück.

Die Angst ist somit einer der größten Feinde der Menschheit!

»Self Fulfilling Prophecy« – »Selbsterfüllende Prophezeihung« nennt man diesen Effekt der erlebten Erwartungshaltung auch, und er führt manche Mitmenschen eben in eine Negativ-Spirale voller problematischer Lebenssituationen.

Dies ist mittlerweile sogar ein gesellschaftliches Problem geworden ... und die Ergebnisse dieses Prozesses tauchen ja allzu deutlich in allen Lebensbereichen fast überall auf der Welt auf.

Dr. Joseph Murphy, ein Vorreiter im Bereich des »Positiven Denkens« hat es so ausgedrückt:

»Erfolglose Menschen glauben an Glück und Zufälle, erfolgreiche Menschen glauben an Ursachen und Wirkungen.«

Also: Das was wir säen – das ernten wir auch.

Aber es kommt noch ein weiteres wichtiges Element hinzu:

Das Denken und die Vorstellung sind die eine Seite, die andere Seite heißt

»TUN«

Nur 3 Buchstaben: »T U N«

Für eine wirkliche Änderung z. B. in unseren Lebensumständen bedarf es der Kombination zwischen der »mentalen« Voraussetzung, also der entsprechenden Veränderung in meinem Bewusstsein und der »physikalischen« Umsetzung, dem »TUN«.

Alles Wissen der Welt ist nichts Wert ohne Umsetzung!

Zur Verdeutlichung hier ein einfaches Beispiel:

Brauche ich einen neuen Job, so ist es wichtig und hilfreich, sich »mental« auf den neuen Job einzustellen, also, sich vorzustellen, welchen Job ich gerne hätte, wie dieser Job aussehen kann, wie ich ihn ausübe, wie ich mich dabei fühle usw.

Aber ich muss auch noch etwas weiteres »tun«, nämlich z. B. Stellenanzeigen lesen, Bewerbungen schreiben, Gespräche führen etc.

Also, ich muss gleich zweimal ins »Tun« kommen, nämlich zum einen, indem ich die oben kurz erwähnten Grundlagen und Techniken übe und anwende … und indem ich andererseits auch alles tue, was im Leben zum Erreichen meiner Ziele erforderlich ist.

Diese Kombination wird immer zum Erfolg führen!

Der Schlüssel zum Erfolg und Glücklichsein liegt also bei Dir selbst.

Nicht bei Deiner Beziehung, nicht bei Deinem Job, nicht bei Deinem Geld ... sondern bei Dir, bei Deiner Vorstellungskraft, Deinem Glauben und Deinen Absichten!

Sobald Du eine Entscheidung triffst, fängt das Prinzip an zu arbeiten.

Es gibt dabei kein »Richtig« oder »Falsch«, nur eine unendliche Vielzahl von Möglichkeiten, die sich mit jedem Gedanken und – ganz wichtig – mit jedem Gefühl und jeder Handlung verändern.

Das Leben ist tatsächlich immer ein Echo, denn genau das, was du gedanklich aussendest, kommt früher oder später zu Dir zurück.

Nochmals:

Was du gedanklich (mental) säst, das erntest du. Was du gibst, bekommst du auch früher oder später auf die eine oder andere Art wieder zurück.

Was du in anderen siehst, existiert immer nur in Dir. Denke immer daran: Das Leben ist eine Reflexion. Es kommt immer wieder zu Dir zurück … im Guten oder eben auch im Schlechten.

Und es ist Deine Entscheidung: Was willst du lieber? Also dann: »Tun«! Nicht grübeln, nicht faseln, einfach »in die Tat« umsetzen, im schlimmsten Fall wird's eine Erfahrung mehr sein!

Und das was zu tun ist, solltest du »JETZT« tun! Bedenke immer, wenn du etwas aufschiebst:

Das Leben wartet nicht!

Wir hatten bereits kurz den Begriff »Intuition« als Teil des Bewusstseins erwähnt.

Bekanntlich ist die Intuition die Fähigkeit, Dinge plötzlich im Inneren wahrzunehmen, zu erkennen und zu »wissen«, ohne zuvor darüber nachzudenken.

Intuition ist ein Wahrnehmungs-Impuls, dessen Herkunft meist nicht klar erkennbar ist, eine deutliche »Ahnung«, ein »Bauchgefühl« oder ein »Geistesblitz«, der plötzlich aus dem Unterbewusstsein auftaucht.

Das mentale Training führt neben anderen positiven Effekten auch zu einer Steigerung der intuitiven Fähigkeiten. Das bedeutet, dass sich die mentalen Eigenschaften des Menschen, also die Sinneswahrnehmungen in Verbindung mit dem Denken und Fühlen, erweitern um den Aspekt der Intuition. Dies kann zu faszinierenden Einblicken und Erkenntnissen in bestimmte Situationen und sogar das Leben selbst führen. Mittels dieser Fähigkeit konnte ich auch meinen Gästen in manchen Gesprächen entscheidende Hinweise zum Lösen einer problematischen Lebenssituation geben.

Aber auch in meinem Leben durfte ich die faszinierenden Auswirkungen der Intuition erleben …

Hier eine sehr persönliche Geschichte dazu:

»Ich bin Dein Vater«

Wie in meiner Kurzbiografie zu Beginn dieses Buches bereits erwähnt, verschwand mein leiblicher Vater aus dem Leben unserer kleinen Familie, als ich ca. 1 Jahr alt war. Das heißt auch, dass ich keinerlei Erinnerungen an ihn hatte. Bis zu meinem 46. Lebensjahr lebte ich in dem Bewusstsein, dass mein Vater sozusagen »für tot erklärt« worden war.

Es war eine intuitive Eingebung, die mich diese Tatsache im Alter von 46 Jahren anzweifeln ließ!

Ein intensives Gespräch mit meiner Mutter brachte dann zutage, dass mein Vater damals die Familie zwar verlassen hatte und seither spurlos verschwunden war, aber es war keinesfalls sicher, dass er seinerzeit tatsächlich gestorben war. Dies war lediglich das Bild, das meine Mutter stets in die Welt getragen hatte … aus ihrer Sicht vielleicht verständlich, aber nicht die Wirklichkeit!

Jetzt hatte mich ein tiefes inneres Bedürfnis gepackt. Ich wollte unbedingt herausfinden, ob mein leiblicher Vater vielleicht doch noch lebte … und ob es vielleicht noch Menschen, Verwandte oder gar Geschwister gab, die mir bei meiner Suche weiter helfen würden.

Wenn es ihn (noch) gab, wollte ich ihn auch finden!

Um die »Jahrtausendwende« – um das Jahr 1999 herum – war das Internet noch »in den Kinderschuhen« und noch nicht für eine Recherche dieser Art geeignet.

Stattdessen waren damals sogenannte Adress-/Telefon-/Daten-CDs mit Millionen von Adressen und Telefonnummern sehr beliebt.

Ich besorgte mir eine derartige CD mit den eingetragenen Telefonnummern in Deutschland. Ich hätte natürlich auch eine CD mit den Daten aus Norwegen nehmen können (Mein Vater war ja schließlich ursprünglich Norweger). Aber »intuitiv« wählte ich für meine Suche die Deutschland-CD.

Die CD hatte eine Suchfunktion, in die ich einfach mal den Vor- und Nachnamen meines Vaters eintrug.

Ich erhielt 47 Treffer! Es gab somit mindestens 47 registrierte Personen mit diesem Namen.

47 Telefonnummern … verteilt über ganz Deutschland. Wiederum »intuitiv« wählte ich als erstes eine

Nummer – wie sich später herausstellte – in einer Stadt im Südwesten Deutschlands.

Es meldete sich eine männliche Stimme und ich erklärte ganz kurz den Grund meines Anrufs:

»Hallo, mein Name ist Roland Erichsen. Ich suche meinen Vater …«

Nach einem kurzen Augenblick der Stille sagte die Stimme am Telefon:

»Du bist es, Roland?
Mein Sohn!
Ich bin Dein Vater!«

Über meine Gefühle in diesem Moment brauche ich sicher nichts zu sagen. Was jetzt in mir vorging, kann sich jeder sicherlich lebhaft vorstellen.

Wir beide weinten nur noch am Telefon und die Worte fehlten uns …

Nach einem ersten Informationsaustausch am Telefon vereinbarten wir ein persönliches Treffen.

Dies fand gemeinsam mit meiner damaligen Frau kurz danach an seinem Ort statt.

Es blieb nicht bei einem Treffen.

In den folgenden Jahren trafen wir uns in Abständen regelmäßig und telefonierten auch oft miteinander. Wir konnten es sogar einrichten, einmal mehrere Tage gemeinsam in den Bergen zu verbringen und so die vergangenen 46 Jahre »aufzuarbeiten«

Leider hatte es sich schon sehr bald herausgestellt, dass mein leiblicher Vater in – nennen wir es – selbst verursachten schwierigen sozialen Verhältnissen lebte … und das offenbar schon sehr lange …

Um es kurz zu machen:

Letztlich ist jeder Mensch für sein Leben selbst verantwortlich. Hilfe von außen kann nur stattfinden, wenn ein Mensch diese auch zulässt und bereit ist für Veränderung in seinem Leben.

Ca. 4 Jahre nach unserem ersten Wiedersehen erhielten wir die Nachricht, dass er verstorben sei.

Das letzte was ich tun konnte, war auf seiner Beerdigung in der Kirche das Alphorn zu spielen …

»Lebenshilfe« im UBER-Wagen

»Schwuler Liebeskummer«

Oft drehten sich die Gespräche in meinem Wagen um die Themen »Beziehung« und »Liebe«. Natürlich habe ich in meinem Leben auch selbst in diesen Bereichen einige Erfahrungen sammeln dürfen …

… und manchmal vielleicht auch »müssen« …

In Verbindung mit meinen »Studien« und Erkenntnissen im Bereich des mentalen Trainings konnte ich somit meinen Fahrgästen sicherlich auch in diesem Bereich den einen oder anderen wichtigen Hinweis geben.

So auch dem schwulen Fahrgast, der sich bei mir buchstäblich bitterlich ausweinte, weil »sein Mann« ihn verlassen hatte.

Auch für ihn hatte ich neben einem »offenen Ohr« einige Tipps in meinem Erfahrungsschatz, die ihm offensichtlich weiterhelfen konnten.

Hier ging es vor allem um das Thema »Loslassen«, um »Dankbarkeit« und um positive Offenheit für die Zukunft.

… Und ICH durfte lernen, dass Beziehungsprobleme und deren Lösungsansätze universal sind, egal ob bei »hetero-« und »homo-«orientierten Menschen …

»Mein erster Blumenstrauß in meinem Leben«

Vielleicht bin ich etwas »altmodisch«, doch normalerweise verschenke ich die Blumen an die Dame. Aber diesmal war alles anders:

Es war gegen 3 Uhr am Morgen. Eine junge Frau mit Gepäck und einem Blumenstrauß benötigte eine Fahrt von Zürich nach Luzern. Rasch wurde klar, dass die Frau erhebliche Probleme wälzte:

Als therapeutische Beraterin hatte sie nunmehr dieses Mal selber ein »Stress-Problem«.

Sie stand vor zukunftsweisenden Entscheidungen und massiven Veränderungen in Ihrem Leben.

So etwas ist auch für einen »Profi«, der sie ja als Beraterin ist, nicht immer einfach zu handhaben, wenn es einen selber betrifft.

Dieses Mal bekam nun aber sie einmal eine »Beratung«, ein offenes »Feedback« von mir als Mental-Trainer … und mit einigen Hinweisen konnte ich sie offenbar erreichen und ihr neue Lösungsmöglichkeiten aufzeigen.

Am Zielort angekommen, zeigte sie sich sichtlich berührt und dankbar und ließ ihren Tränen freien Lauf.

Dann schenkte sie mir erst eine Umarmung … dann den Blumenstrauß, den sie ja eigentlich von ihrem Freund erhalten hatte. Aber es war ihr wohl wichtig, mir zu diesem Zeitpunkt etwas für sie »Wertvolles« zurückzugeben.

Wir haben auch heute noch Kontakt und ich erhalte regelmäßig Einladungen zu ihren Kursen.

Und ich erfuhr jetzt von der wohl wesentlichsten Veränderung in ihrem Leben:

Sie ist schwanger!

Eine »UBER-Fahrt« statt Party

Wenn ein Profi-Sportler verletzungsbedingt pausieren muss, ist das sicherlich immer sehr bitter für ihn.

Das kann ich als ehemaliger Leistungssportler nur zu gut verstehen und nachvollziehen.

Und daher hatte ich auch sofort großes Mitgefühl mit meinem weiblichen Fahrgast aus der nächsten Geschichte:

Sie war eine bekannte Schweizer Sportlerin, deren Bein wegen einer größeren Sportverletzung in Gips war. Sie war zu einer Party geladen, erzählte mir aber sofort, dass sie eigentlich dazu überhaupt nicht in Stimmung war. Eine Party mit Gipsbein ...:

... Ein (buchstäbliches) »**no go**« ...

Die Verletzung hatte sie ohnehin in ein emotionales »Tief« versetzt, ihr fehlte komplett die Lebensfreude und Perspektive für ihre Zukunft.

Unser Gespräch wurde bald sehr intensiv.

Es gelang mir, ihre Aufmerksamkeit auf die positiven Aspekte ihres Lebens und ihrer aktuellen Situation zu lenken und sie Schritt für Schritt wieder zu motivieren.

Auf der Fahrtstrecke zu ihrem Zielort bat sie mich zwischenzeitlich, noch eine weitere »Runde« zu drehen, um sich weiter mit mir unterhalten zu können.

Aus der »einen Runde« wurde eine volle Stunde, die wir länger herumfuhren und redeten.

Ihre Stimmung besserte sich zusehends … und letztendlich war sie dann auch bereit, auf die Party zu gehen und das Leben zu feiern …

Pärchen im Neuanfang

Sie hatten erhebliche Probleme miteinander.

Das spürte ich sofort, als sie in meinen Wagen einstiegen. Sehr bald konnten wir intensiv über ihre Krise, die Ursachen hierzu und Lösungs-Perspektiven reden.

Es wurde rasch klar, dass die beiden in der Vergangenheit viel zu eng miteinander umgegangen waren und jeder viel zu wenig Freiraum für sich selbst gefunden hatte.

Ja, auch das gibt es ... und bei zwei ausgeprägten Individuen führt das irgendwann zwangsläufig zu einer frustrierenden Situation.

Ich konnte ihnen diese Grundproblematik ihrer Beziehung verdeutlichen und ihnen folgenden Lösungsvorschlag machen:

Jeder verbringt einmal in der Woche einen ganzen Tag und einmal im Monat ein ganzes Wochenende für sich allein, damit sie/er seine Gedanken und Gefühle wieder neu ordnen kann. Dieser Abstand ermöglicht einen neuen Blickwinkel auf die Beziehung und schafft eine neue »Spannung« für ein lebendiges Miteinander ohne (all-)tägliche Beeinflussung durch die Tagesroutine sowie durch den jeweiligen Partner.

Weiterhin empfahl ich den beiden, die nachstehend beschriebene »Beziehungs-Inventur« regelmäßig durchzuführen.

Diese Vorschläge schienen bei beiden auf positive Resonanz zu treffen.

Einige Zeit später hatte ich die beiden wieder im Wagen und wir erkannten uns wieder.

Sie berichteten mir voller Freude, dass sie seit unserer denkwürdigen Fahrt meine Tipps und vor allem die Vorschläge mit der »Freizeit« und der »Beziehungs-Inventur« berücksichtigen würden.

Dass das funktionierte und sie sich dadurch tatsächlich wieder neu gefunden hatten, sah ich sofort am liebevollen Umgang der beiden miteinander ...

Die »Beziehungs-Inventur ...« oder: »Das Seelen-Gespräch«

Dieses Kapitel beschreibt eine hochwirksame Methode zur Auffrischung jeder Beziehung:

In unserer heutigen meist hektischen Zeit finden wir oft viel zu wenig Gelegenheiten für das Wesentliche:

Für uns selbst ... und für unsere Partnerschaft!

Alles muss schnell gehen; selbst für das Lösen von Beziehungsproblemen finden wir oft nicht die erforderliche Zeit. Die Probleme werden stattdessen – meist sogar ungewollt – einfach »unter den Teppich gekehrt«. Aber wie wir alle sicher schon erfahren mussten:

Diese »Technik« löst die Probleme schon gar nicht, im Gegenteil!

Es ist wie ein Trichter oder Filter, der zunehmend mit angesammeltem »Beziehungs-Müll« verstopft ... bis irgendwann gar nichts mehr geht.

Es mögen zu Beginn Kleinigkeiten sein, wenn sie sich jedoch ansammeln, können sie zu einer echten Krise führen.

Um das zu verhindern, sollte man regelmäßig ein »Reinigungs-Ritual« durchführen:

Die »Beziehungs-Inventur«

Hierbei wird zwischen den Partnern ein fixer Termin festgelegt, der zum Beispiel drei Monate in der Zukunft liegt. Zu diesem Termin wird ein schöner passender Rahmen gewählt, ein – für beide – besonderer Ort, mit einem guten Essen etc.

Während der dreimonatigen Zeit bis zu diesem »Inventur-Termin« beobachten beide Partner die Beziehung sehr aufmerksam und achten sowohl auf den »Ist-Zustand« als auch auf alle Veränderungen … sowohl im positiven als auch im negativen.

Beim festgesetzten Termin kann dann jeder aus seiner Sicht die Dinge und den Status der Beziehung beschreiben. Hierzu gelten klare Gesprächsregeln wie »keine Vorwürfe«, »keine Kritik«, und kein »Unterbrechen des Anderen«. Die Bestandsaufnahme erfolgt immer aus dem persönlichen Blickwinkel, also »ich empfinde die Situation X …«, »ich wünsche mir die Situation Y«, »ich verstehe nicht Z …« etc.

Möglich ist weiterhin auch der »Wir«-Blickpunkt, also z. B. »was können wir ändern, verbessern …«, »wie können wir weiter wachsen« etc.

Wie gesagt, wichtig ist, auch das zu thematisieren, was gut gelaufen ist!

Weiterhin sollte in diesem Gespräch Raum gegeben werden für positive Aussagen über den anderen (es dürfen auch ruhig ehrliche Komplimente sein …)

Auf diese Weise wird in einer positiven Atmosphäre ein realistischer Beziehungsstatus erstellt.

Daran können beide wachsen … und der verstopfte Trichter/Filter wird wieder frei.

Der bei diesem Meeting geschaffene Status dient dann als Grundlage und »Arbeits-Basis« für die kommenden drei Monate bis zum nächsten »Inventur-Termin«.

Ein weiterer Neuanfang …

Eine ähnliche Situation mit den Beziehungsproblemen bei einem Fahrgast-Paar erlebte ich eines Nachts gegen 3 Uhr.

Die Frau nahm auf dem Beifahrersitz Platz, während der Mann es sich auf der Rückbank bequem machte … und quasi sofort einschlief.

Rasch entwickelte sich zwischen der Frau und mir ein intensives Gespräch, bei dem ebenfalls die Beziehungs-Probleme der beiden zur Sprache kamen. Auch hier zeigte sich wieder die gleiche Situation eines fehlenden Abstands mit der Einschränkung der individuellen Freiheit in der Partnerschaft.

Ich gab auch dieser Kundin meine Tipps, unter anderem auch, regelmäßig jeweils eine kleine »Auszeit« zu nehmen sowie das Ritual der »Beziehungs-Inventur« einzuführen.

Beides leuchtete ihr sofort ein.

Beim Aussteigen nahm sie ihren zunächst noch total verschlafenen Mann in den Arm und rief fröhlich:

»Heute fangen wir noch einmal von vorne an, mein lieber Mann!«

»Ich liebe Dich.«

Der Gute wusste gar nicht, wie ihm geschah, doch ich bin zuversichtlich, dass sie ja erkannt hatte, worum es ging und es ihm sicher später auch vermitteln konnte.

Trost durch Zuhören

Manchmal genügt es auch, einfach nur »zuzuhören«.

Bei manchen Menschen ist es wichtig, dass sie einfach einmal – quasi anonym – über ihre Situation erzählen können. Hierzu ist der geschlossene und geschützte Raum meines Fahrzeugs oft schon ein geeigneter Ort.

Wie häufig höre ich von gestressten Fahrgästen, wie sehr sie »durchhängen«, wie »fertig« sie sind und dass sie »Burnout« haben.

Es tut ihnen gut, dass ihnen endlich einmal zugehört wird, dass sie ernst genommen werden und die volle Aufmerksamkeit erhalten.

Vielleicht gebe ich lediglich zum Ende einer Fahrt noch ein paar Hinweise, evtl. zum Thema »Selbstwert«, möglicherweise zur »Selbstannahme und Selbstliebe«.

Bei der Kundin, die mich daraufhin umarmte und rief »Heute ist mein Glückstag«, hat es jedenfalls offenbar genau damit perfekt gepasst ….

Mein UBER-Wagen und die »Liebe«

»Sie haben ihr Ziel erreicht«

Das Thema »Liebe« ist in seinen unterschiedlichen Facetten in meinem Fahrzeug allgegenwärtig.

Wie auch bei dem Pärchen, das eines Morgens gegen 4 Uhr in meinen Wagen stieg und auf der Rückbank Platz nahm. Er war Schweizer, Sie eine Farbige, beide wohl um die Fünfzig.

Offensichtlich hatten die beiden sich wohl gerade erst kennengelernt, denn nach der Abfahrt wurde es zunächst ruhig im Wagen, kurz darauf drangen dann aber von der Rückbank eindeutige Geräusche an mein Ohr, die ich trotz der gespielten guten Musik nicht ignorieren konnte.

Die beiden waren wohl wirklich sehr frisch verliebt … und ich muss gestehen, dass ich nicht so recht wusste, wie ich mit der doch sehr pikanten Situation umgehen sollte.

Kurz vor dem Fahrtziel machte ich dann eine Bemerkung, damit sie sich auf das Ende der Fahrt einstellen konnten.

Das taten sie dann wohl auch ... wie ich deutlich hören konnte.

Und im gleichen Moment erklang aus dem Navi die bekannte Frauenstimme mit dem Satz:

»Sie haben ihr Ziel erreicht ...«

Noch mehr Verliebte

Sie kamen morgens gegen 3 Uhr bereits eng umschlungen heran und kuschelten nach dem Einsteigen auf der Rückbank derart innig weiter, dass nicht zu übersehen war:

Die Zwei waren frisch verliebt.

Mit einem Schmunzeln blieb ich entgegen meinen sonstigen Gewohnheiten still, ohne sie anzusprechen ... und spielte stattdessen die schönste »Kuschelmusik«, die ich zur Verfügung hatte.

Es war nur eine kurze Fahrt … doch die beiden dankten mir für meine »Rücksicht«, mein Verständnis und die »tolle Atmo« im Wagen … und honorierten das auch noch mit einem guten Trinkgeld.

Missverständnis der »Liebe«

Die junge Frau war ca. 30 und wirklich sehr attraktiv. Unser Gespräch war, wie so oft, sehr lebendig und intensiv.

Es ging wieder einmal auch um das Thema »Liebe«. Die von mir eingebrachten »geistigen« Prinzipien wie Selbstakzeptanz, Liebe zu sich selbst und Liebe für alles Leben wurden von ihr zunehmend vom »geistigen« in den »physischen« Raum hinein interpretiert.

Kurz: Zum Ende der Fahrt sprach sie eine eindeutige Einladung aus, dieses Gespräch noch bei ihr fortzusetzen.

Ich war durchaus berührt, aber entgegnete ihr:

»Du, ich fühle mich tatsächlich geehrt, bin ich doch sicherlich 30 Jahre älter als Du … aber – sei mir nicht böse und verstehe bitte: Ich habe eine glückliche

Beziehung mit einer lieben Frau, und das hätte sie nicht verdient.«

Mit dieser offenen und ehrlichen Reaktion konnte ich diese Einladung so neutral ablehnen, dass für sie keine peinliche Situation entstand.

Im Gegenteil:

Meine Gradlinigkeit hat sie so beeindruckt, dass sie heute tatsächlich eine Stammkundin ist …

… mit einem schönen neutralen Umgang miteinander …

Noch ein Missverständnis

Es war ein nettes junges Paar. Sie hatte den Beifahrersitz gewählt, er die Rückbank.

Ich weiß heute nicht mehr, was das Thema unseres Gesprächs war. Aber es war jedenfalls sehr intensiv und interessant, sodass sich die Fahrt zu ihrer Wohnung für uns als sehr kurzweilig gestaltete.

Dort am Zielort angekommen und noch ehe ich reagieren konnte, wandte sich die junge Frau plötzlich mir zu, umarmte mich und drückte mir einen Kuss auf den Mund.

Völlig überrascht und perplex galt mein nächster Blick dem jungen Mann auf dem Rücksitz. Der war wohl noch überraschter als ich, sprang offenbar entsetzt aus dem Auto und verschwand in Richtung ihrer Wohnung.

Sie folgte ihm lachend …

Erst einige Zeit später entdeckte ich, dass er in seinem Entsetzen seine Tasche auf dem Rücksitz liegen gelassen hatte.

Ich brachte die Tasche einige Tage später zusammen mit einigen Croissants bei den beiden vorbei.

Wir frühstückten zusammen und er erkannte, dass von mir in Bezug auf seine Freundin definitiv »keine Gefahr ausging« …

Mein UBER-Wagen und die »Verkupplung«

Ich brachte zwei junge Mädchen zu einer Party in einem Club.

Die beiden waren definitiv »auf der Suche«, aber frustriert wegen der bisherigen Erfahrungen mit der Männerwelt. Wir hatten auf der Fahrt wieder einmal ein gutes Gespräch und vor allem eines der Mädchen beeindruckte mich neben ihrer Optik auch mit ihrem offenen Wesen.

Wir vereinbarten eine spätere Abholung für den Fall, dass die Party nicht so spannend und vor allem die männlichen Gäste nicht so interessant wären …

Meine nächsten Fahrgäste waren drei junge Männer, Stammkunden, die ich öfter an Bord hatte.

Ich erzählte ihnen von den beiden Mädchen … und meinte plötzlich »intuitiv« zu einem von ihnen:

»Du, ich hab' die Frau fürs Leben für Dich gefunden«.

Er nahm das zunächst mal lachend zur Kenntnis … aber genau in dem Moment, wo sie aussteigen wollten, klingelte mein Handy und die beiden Mädchen bestellten mich für die Rückfahrt von der Party.

Während ich den Fahrtauftrag annahm, schaute mir der junge Mann über die Schulter und schrieb sich die Telefonnummer des Mädchens vom Handy ab.

Jetzt erzählte ich wiederum dem Mädchen, dass jemand ihre Telefonnummer abgeschrieben hatte und sie wohl anrufen wolle …

Einige Zeit später hatte ich zwei der jungen Männer wieder im Wagen. Ich fragte sie nach dem dritten Jungen … und sie erklärten mir, dass er gerade in Venedig im Liebesurlaub wäre …

… gemeinsam mit dem Mädchen, welches er damals in der Nacht noch angerufen hatte …

Heute sind die beiden verlobt und es steht bereits fest, dass ich zu ihrer Hochzeit das Alphorn spielen werde.

Eine ganz »besondere Verkupplung«

Die folgende Geschichte ereignete sich kürzlich, eigentlich bereits nach der vorläufigen Fertigstellung dieses Buches.

Sie ist jedoch für mich so »besonders«, dass ich sie unbedingt hier noch mit aufnehmen muss …

Meine Fahrgäste waren ein junges Paar und ein einzelner junger Mann. Der Mann nahm auf dem Beifahrersitz neben mir Platz und das Gespräch führte bald zum Thema »Beziehungen«. In diesem Zusammenhang erzählte er mir von den Gründen, weshalb seine letzte Beziehung vor einiger Zeit beendet worden war und er jetzt »solo« war.

Dann drehte er sich plötzlich zu mir und fragte:

»Kennst Du keine nette Frau, die zu mir passen könnte? Du triffst doch ständig so viele Leute hier im Wagen …?«

In diesem Moment hatte ich sozusagen eine »Eingebung«:

Ich nannte ihm die Facebook-Adresse meiner jüngeren Stieftochter, von der ich wusste, dass sie zwar nicht »auf der Suche«, aber auch »solo« war.

Der junge Mann starrte auf die Fotos bei Facebook und stammelte dann nur noch »Wow … das ist sie!«

Er war völlig fasziniert … und hatte buchstäblich »Feuer gefangen«.

Okay, auch als »Stiefvater« achtet man natürlich, wenn möglich, darauf, wen seine Stieftochter »datet«. Aber dies war offenbar wirklich ein netter junger Mann. Und so vermittelte ich – natürlich in Absprache mit den beiden – die Kontaktdaten.

Es dauerte tatsächlich nicht lange, bis sich die Zwei bereits persönlich trafen … und wie es aussieht, hat es die beiden wohl wirklich »getroffen« …

»On vera« … Wir werden sehen …

Gedanken »über die Liebe«

Bleiben wir noch etwas beim Thema »Liebe«.

Kaum ein Themenbereich kommt mit meinen Fahrgästen so oft zur Sprache und wird so intensiv diskutiert wie »die Liebe«.

Besonders an den Wochenenden habe ich viele – meist jüngere – Fahrgäste, die ich spätabends oder nachts nach Hause fahre.

Oft spüre ich schon beim Einsteigen eine gewisse Traurigkeit und Enttäuschung über den Verlauf des Abends.

Der Hauptgrund ist meist immer der Gleiche:

Wieder einmal hat es z. B. beim Besuch im Club nicht geklappt mit »Mr. oder Mrs. Right«. Und oft wird dann pauschal geurteilt, es gäbe »keine guten Männer« bzw. »keine guten Frauen mehr«.

Und hier widerspreche ich dann meist und weise darauf hin, dass lediglich wohl wieder einmal der Such-Ansatz falsch war:

Suche ich »wahre Liebe«, so darf ich diese nicht mit »schnellem Sex« verwechseln. Auch hier ist es wie bei einem guten Essen, das ich ja genießen möchte:

Zuerst kommt die Vorspeise (das Kennenlernen), danach das Hauptmenü (ja es schmeckt … jetzt habe ich Lust auf »mehr«), und zuletzt kommt der »Höhepunkt«, das Dessert …

Der wahre Gourmet wird das Menü genießen und sich sicherlich nicht alles gleichzeitig hineinstopfen …

Damit will ich sagen:

Erhebt immer den Anspruch auf »das Beste«. Macht »Qualität« zu Eurem Maßstab, vor allem im partnerschaftlichen Bereich

… denn »Qualität zieht Qualität an«!

Nehmt euch Zeit, genießt das Kennenlernen, nehmt das Dessert nicht gleich als »Vorspeise« zu euch. Nur so kann auch wirklich eine Verbindung »wachsen« … und auf diese Weise »Liebe« entstehen. Alles andere ist »Fast Food«.

Ok, wenn das von beiden Seiten so gewollt ist … bitteschön, dann ist es natürlich völlig in Ordnung und hat dann auch seinen Stellenwert.

Die Erfahrung hat jedoch gezeigt, dass eine echte Beziehung »reifen« muss … und das Dessert schmeckt tatsächlich noch viel besser, wenn man es erst nach einer kleinen Pause genießt …

Auch beim Thema »Liebe« gilt also eines der grundsätzlichen Lebensprinzipien:

Die Liebe ist kein »zufälliges« Zusammentreffen!

Es findet sich – fast schon automatisch – was zusammengehört.

Es ist wie ein »geistiger Magnetismus«.

Jeder Mensch, den du triffst, ist entweder ein Test … eine Lektion … oder eben ein Geschenk!

Auch wenn diese Lebenseinstellung vielleicht zunächst etwas »altmodisch« klingt:

Die vielen schönen und dankbaren Kommentare mittels der UBER-Bewertungs-App bestätigen mir immer wieder, dass manche Werte auch in unserer schnelllebigen

Zeit immer noch ihren Stellenwert haben und ich mit meinen Tipps in dieser Richtung oft neue Hoffnung, neuen Mut und neue Kraft geben konnte.

Deshalb also … vor allem mein Hinweis an die Männer:

Wollt ihr eine ehrliche, echte und tiefe neue Beziehung mit einer wunderbaren Frau?

Dann kämpft dafür … bis Eva in den Apfel beißt … Viel Glück …!

Alternatives Gesundheitswesen

Wie bereits mehrfach kurz erwähnt, sind mir zwei Themenbereiche in meinem Leben besonders wichtig geworden:

So wie ich mich seit vielen Jahren mit dem Thema »Mental-Training« beschäftige, hat sich auch der Themenbereich der »natürlichen, gesunden Lebensführung« zusammen mit dem Bereich des »alternativen Gesundheitswesens« für mich zu einer Herzensangelegenheit entwickelt.

In zahlreichen Gesprächen mit meinen Fahrgästen konnte ich auch immer wieder erkennen, wie wichtig diese Themen offenbar für die meisten Menschen sind. Neben den Hinweisen zu den allgegenwärtigen »Beziehungsproblemen« konnte ich vor diesem Hintergrund vielen meiner Gäste auch wertvolle Tipps für eine natürliche und gesunde Lebensführung geben.

Natürlich: Ich bin weder Arzt oder Heilpraktiker, noch verfüge ich über einen anderen erlernten »medizinischen« Hintergrund. Daher stelle ich selbstverständlich auch keine medizinischen »Diagnosen« und gebe natürlich auch keine Hinweise zu Therapien.

Aber ich erzähle den Menschen von meinen persönlichen Erfahrungen und berichte von den Erkenntnissen einiger wertvoller »Vordenker«, die wiederum ihr Wissen und ihre Kenntnisse im Gesundheits- und Therapiebereich über Literatur, Videos und Vorträge weitergeben.

Die vielen Informationen zu den einzelnen Aspekten und Themenbereichen würden sicherlich den Rahmen dieses Buches mit einem ja anderen Themenschwerpunkt sprengen. Im Anhang zu diesem Buch habe ich daher einige »meiner« wichtigsten Ratgeber aufgeführt.

Die dort gelisteten Bücher und Publikationen kann und möchte ich grundsätzlich und ausdrücklich sehr empfehlen.

Nachfolgend möchte ich lediglich noch ein paar Gesprächs-Grundlagen aus meiner eigenen Erfahrung wiedergeben:

Ein als »natürlich« zu bezeichnendes Leben basiert für mich zunächst auf einem Leben »im Einklang mit der Natur«.

Das bedeutet vor allem auch, mich viel in der Natur aufzuhalten. Hier bin ich sicherlich in einer guten Ausgangssituation, da wir in der Schweiz natürlich mit einer wunderschönen Natur gesegnet sind. Aber ich denke, mit etwas »gutem Willen« findet sich überall eine Möglichkeit, z. B. spazieren zu gehen und etwas frische Luft und Sonne zu tanken.

(*… und das ohne ständige »Berieselung« über die Kopfhörer … Weißt Du eigentlich noch, wie die »Natur« klingt?*)

Aus eigener Erfahrung kann ich hinzufügen, dass natürlich vor allem ein Hund hierzu eine ausgezeichnete »Motivation« ist …

Das führt mich zum Thema »Tiere«:

Je mehr ich in das Thema »natürliches Leben« eingestiegen bin, umso mehr konnte ich mein Herz für Tiere öffnen. Tiere sind etwas Wunderbares; die Liebe, die sie einem schenken können, ist unvergleichlich.

Wir leben mit 2 Hunden und einer Katze unter einem Dach … und das möchte ich auch nicht mehr missen.

Und diese sich ändernde Einstellung und Wahrnehmung hat auch zu einer Sensibilisierung im Hinblick auf die Thematik der sogenannten »Nutztiere« geführt. Wer sich einmal wirklich mit der Situation von »Schlachttieren« beschäftigt hat … wird seinen Fleischkonsum sicherlich neu bewerten … und ggfs. ganz einstellen.

Wie hat es Paul McCartney ausgedrückt:

»Wenn unsere Schlachthöfe Mauern aus Glas hätten, wären wir alle längst Vegetarier«!

Und Hagen Rether, der bekannte »scharfzüngige« Kabarettist, erklärte es in einem bekannten Beitrag so treffend:

Du musst doch gar nichts machen als Veganer. Weder musst du in eine Sekte eintreten, noch musst du auf ein Buch schwören oder Mitgliedsbeiträge zahlen oder bei Vollmond den Wimpel raushängen … Du musst einfach nur die Tiere in Ruhe lassen! Sonst nix! Und dann hast du alles getan gegen multiresistente Keime, verschmutztes Trinkwasser, (…) keine Freihandels-Abkommen, die so unsäglich sind, du hast die Regenwälder noch usw. Du hast dann ganz viele Fliegen mit einer Klappe geschlagen …«

Klarer kann man es kaum ausdrücken …

Wenn wir also jeder z. B. nur 50 % weniger Fleisch konsumieren würden, wäre unsere Umwelt auf einen Schlag zu 50 % gesünder …

… und das alles zum Wohle aller!

Ja, als gelernter Koch habe ich sicherlich einen besonderen Bezug zu diesem Themenbereich.

Und ich erlebe es, wie auch ich meinen »Fleischkonsum« reduziere und mehr und mehr einstelle …

Gerne erzähle ich meinen Fahrgästen immer wieder etwas über die möglichen Ursachen ihrer gesundheitlichen Störungen. Diese sind nämlich tatsächlich überwiegend in der Ernährung zu finden.

Dass eine »Mc-Fastfood«-Ernährung nicht unbedingt gesundheitsförderlich ist, weiß heute ja doch wohl ziemlich jeder.

Okay, gegen einen gelegentlichen Ausflug in diese Welt ist sicherlich auch gar nichts einzuwenden … solange ansonsten die Basisversorgung mit frischer, gesunder Nahrung gewährleistet ist.

Hier wird es dann aber meist schon schwieriger, da selbst unser Obst und Gemüse heutzutage oft schwer chemisch belastet ist.

Künstliche Düngemittel, Unkrautvernichter, Gentechnik, Umweltverschmutzung – um nur einige Ursachen zu nennen – vergiften unsere Umwelt, unsere Nahrung … und uns zunehmend.

Wir werden buchstäblich mehr und mehr »vergiftet«! Hierzu ein Beispiel – leider tatsächlich »aus dem Leben«:

Wenn beim Apfelbaum im März die erste Blüte aufgeht, wird diese Blüte das erste Mal gespritzt, damit Würmer etc. keine Chance haben.

Bis zur Ernte werden jetzt die Äpfel noch bis zu 20 mal gespritzt, damit sie wie »Model-Äpfel« aussehen!

Da bevorzuge ich doch sicherlich nur noch Äpfel, die zu 100 % biologisch, also komplett unbehandelt sind … das bedeutet für mich »frisch«, auch wenn sie mal wurmstichig sind …

Ohne hier zu sehr in diese Thematik einzusteigen, (mit wichtigen und umfangreichen Inhalten für ein ganzes weiteres Buch …) weise ich in meinen Gesprächen immer wieder darauf hin, wie verrückt es buchstäblich ist, unsere Ackerböden mittels aggressiver »Agrochemie« zu vergiften. Auf diesen Böden werden bereits jetzt schon nur noch »Dinge« geerntet, die völlig nährstoffarm sind und die wesentliche Spurenelemente vermissen lassen.

Hier sind Mangelerscheinungen und Krankheiten beim Menschen vorprogrammiert!

Oder es werden überall sogenannte »Fungizide« gegen »Pilze« eingesetzt und »Pestizide«, sogenannte »Pflanzenschutzmittel« (allein dieses Wort ...!) verwendet, die alles, was in der Natur an Insekten und Kleinlebewesen existiert, gnadenlos vernichten ...

Das Ergebnis: Insekten, Bienen und Vögel verschwinden bereits ...

Doch unsere Politiker lassen es weiterhin zu, dass hochgiftige und erwiesenermaßen krebserregende Chemikalien über unsere Felder versprüht werden ... und damit in unsere Nahrungskette gelangen!

Damit sind wir also auf dem »besten Wege«, zunächst unsere Umwelt ... dann unsere Nahrung ... und damit dann uns selbst systematisch zu vernichten!

Die Natur braucht uns Menschen nicht ... aber wir brauchen die Natur!

Wir leben heute in einer »verrückten« Welt:

Unsere Nahrungsmittel sind tatsächlich voller Chemie ...

… während sich zahlreiche Kosmetikartikel damit rühmen, sie würden natürliche Zutaten enthalten wie z. B. Avocado, Honig und Vitamine …

Ein Problem von heute ist in diesem Zusammenhang ja bereits, dass wir meist gar keine natürliche »Nahrung« mehr zu uns nehmen, sondern wir essen »nahrungsähnliche Produkte«! Und das wird sich früher oder später auf die ganze Menschheit auswirken.

Neben dem notwendigen konsequenten globalen Umstieg auf chemiefreien, biologischen Nahrungsanbau könnte für jeden von uns jetzt schon einmal eine Alternative darin bestehen, statt ständig nur zu »konsumieren« vielmehr wieder selber für den Eigenbedarf zu »produzieren«, dort wo es geht, wie z. B. auf dem Balkon oder am besten natürlich im eigenen Garten.

So, wie es zu »Großmutters Zeiten« ganz normal war.

Ein weiterer schöner und wahrer Satz vom »Kräuterpfarrer« Johann Künzle lautet:

»Wenn nämlich die Menschen das ›Unkraut‹ nicht nur ausreißen, sondern einfach aufessen würden, wären sie es nicht nur los, sondern würden auch noch gesund werden« …

Meine Frau und ich sind recht bewusste Einkäufer. Möglichst alle Lebensmittel, die wir einkaufen, sind mit irgendeinem »Bio«-Siegel gekennzeichnet.

Aber plötzlich wurde uns eines Tages klar:

Wir wollen das nicht mehr. Wir können diesen ganzen »Bio-Quatsch« nicht mehr hören und sehen.

Denn ...: Ich will, dass endlich all jene Produkte gekennzeichnet werden, die NICHT »Bio« sind.

Weil ...: »Bio« ist das Normale, Natürliche.

So, wie ein Lebensmittel sein soll, eben natürlich »unbehandelt«!

Warum um alles in der Welt muss das extra gekennzeichnet werden? Warum?

Andersherum wäre es doch eigentlich richtig:

Alles, was mit Pestiziden etc. behandelt, mit Zusatzstoffen vollgepumpt oder gentechnisch verändert ist, das müsste doch dementsprechend ausgewiesen sein.

Oder nicht?

Also statt der Kennzeichnung »Bio-Tomaten aus Spanien« bitte die herkömmlichen Tomaten kennzeichnen als »chemisch behandelte Tomaten aus Spanien«.

Statt der Kennzeichnung »Bio-Eier aus Freilandhaltung« bitte die üblicherweise erhältlichen »Massenhaltungs-Eier« etikettieren als »Eier aus Käfighaltung«.

Und statt der Kennzeichnung »Bio-Fleisch« bitte für das »Standard-Fabrik-Fleisch« die Kennzeichnungen »Fleisch mit Antibiotika« und »voll mit Stress-Hormonen« verwenden.

Das würde unser Einkaufsverhalten sicherlich nachhaltig und drastisch verändern.

Von einer Sekunde auf die andere …

Es bleibt einstweilen nur zu hoffen, dass die unter den sogenannten »Bio-Siegeln« zertifizierten Nahrungsmittel dann auch tatsächlich diesen Vorgaben entsprechen …

Darüber hinaus bewirken auch »tote« Lebensmittel und falsch zubereitete Nahrung – zum Beispiel in der »Mikrowelle« (!) – dass unser Organismus Mangelerscheinungen aufweist, z. B. an vielen Vitaminen,

Spurenelementen, Mineralien und anderen wesentlichen Nährstoffen.

Erfreulicherweise gibt es hierzu inzwischen sehr fundierte wissenschaftliche Untersuchungen und die Möglichkeit, über sogenannte »Nahrungsergänzungsmittel« vielen Mangelerscheinungen entgegenzuwirken, bzw. diese auszugleichen.

Auch hierzu verweise ich noch einmal auf den Anhang dieses Buches, in dem sehr wertvolle Literatur zu diesem Thema zu finden ist.

Letzter Aspekt dieses Kapitels über die möglichen Ursachen für unsere gesundheitlichen Störungen ist ...

... unsere moderne, sogenannte »Schul-Medizin!«

Ich bin mir der Provokation dieser Aussage sehr wohl bewusst.

Aber ist es nicht erstaunlich, dass unsere Medizin noch nie so weit entwickelt war wie heute ... es aber auch noch nie so viele kranke Menschen gab wie heute!?

Hier müssen wir uns klarmachen, dass die »Medizin-Industrie« eine gigantische Maschinerie ist, mit einem

Umfang von vielen, vielen Milliarden … egal ob Franken, Dollar oder Euro.

Vor diesem Hintergrund erscheint die Forderung mancher Kritiker dieses Systems, »die Ärzte mögen auf ihren Kitteln die jeweiligen Sponsoren-Logos tragen« wie z. B. Sportler schon beinahe realistisch …

Aber wenn wir uns bewusst machen, dass der »Patient« ja eigentlich der »Kunde« der Medizin und der Chemie- und Pharma-Industrie ist, von dem sie letztlich ja leben, wird uns einiges in diesem System sicherlich klarer:

Ein geheilter Patient … ist ein verlorener Kunde!

Ein Patient / Kunde sagt zum Arzt: »Herr Doktor, ich fühle mich nicht gut und kann mir aber nicht erklären, woran es liegen könnte«.

Ohne Beeinflussung durch die Pharma-Industrie müsste eigentlich ein guter »menschlicher« Arzt ihm folgendes mitteilen:

»Ich möchte, dass Sie zweimal am Tag jeweils zwanzig Minuten meditieren.

Machen Sie täglich dreißig Minuten Sport und vermeiden Sie industriell verarbeitete Lebensmittel. Essen Sie viel »unbehandeltes« Obst und Gemüse ökologischen und biologischen Ursprungs. Verbringen Sie mehr Zeit draußen in der Natur und weniger Zeit drinnen.

Hören Sie auf, sich um Dinge zu sorgen, die Sie nicht kontrollieren können.

Schalten Sie öfter mal den Fernseher aus und über's Wochenende auch das Handy …

Und kommen Sie dann bitte in drei Wochen wieder!«

In der medizinisch/pharmakologisch bestimmten Welt läuft es jedoch heute so:

»Wenn ich Dich abhängig von einer Pille mache, kann ich Dich so kontrollieren, dass ich Dich alle paar Wochen/Monate sehen kann. So machen wir das Geld in der Medizin.

Wenn ich Dir ein natürliches, pflanzliches Mittel verschreibe und feststelle, dass es Dir besser geht … sehe ich Dich wahrscheinlich nie wieder.«

Wie sagt man so schön: »Das Geheimnis der Medizin besteht darin, den Patienten abzulenken, während die Natur sich selbst hilft«.

Wichtig aber … und auch das sage ich immer wieder:

Für bestimmte **akute** Notfälle braucht es die (Schul-) Medizin. Auch ich bin schon selber dankbar dafür gewesen, dass es die moderne Medizin gab. Da hat ein Natur-Produkt, dessen Wirksamkeit ja doch eher langfristig und auf Prävention ausgelegt ist, meistens keine Chance.

Jedoch sollte ein Arzt nicht nur mit Medikamenten die Krankheit bekämpfen, sondern auch die Lebensqualität verbessern, und das geht (nach der Notfall-Versorgung) meist nur über Naturheilmittel …

Auch diese Thematik werde ich an dieser Stelle nicht weiter vertiefen, dies würde tatsächlich auch wieder den Rahmen dieses Buches sprengen.

Vielmehr möchte ich auch hier auf die fantastischen Möglichkeiten der Naturheilkunde hinweisen.

Für fast jede Krankheit ist tatsächlich seit Jahrtausenden »ein Kraut gewachsen«.

Und das meist ohne Nebenwirkungen ... zu moderaten Kosten ...

In diesem Zusammenhang möchte ich hier noch einen wunderbar passenden Satz anführen:

»Die moderne Medizin kümmert sich um Deine Krankheit ... davon lebt sie. Um Deine Gesundheit musst Du Dich selbst kümmern ... davon lebst Du!«

Und abschließend hierzu nochmals der Hinweis auf die im Anhang aufgeführten interessanten Literatur-Hinweise ...

Kommen wir nun zu einigen weiteren Geschichten, die ich in meinem UBER-Wagen im Zusammenhang mit »alternativen Heilweisen« erleben durfte.

Ein Wunder der Naturmedizin (Teil 1)

Es war eine der zahlreichen Fahrten ins Krankenhaus. Die beiden alten Leute, beide jenseits der achtzig, mühten sich sichtlich, den Weg zu meinem Wagen und nachher den kurzen Weg zum Eingang der Klinik mit ihren Gehstöcken zu bewältigen.

Sie hatten mir unterwegs davon berichtet, dass sie – ärztlich verordnet – seit Langem jeder mehr als fünfzehn Medikamente einnehmen müssten. Zu diesem Zeitpunkt war die Verordnung der Ärzte für sie absolut verbindlich ... meine »vorsichtig« geäußerten Hinweise auf natürliche »Alternativen« waren für sie »kein Thema«.

Ca. drei Monate später hatte ich die beiden wieder im Wagen. Und sie bewegten sich noch mühsamer als bei unserer ersten Fahrt!

Sie beklagten, dass sie so viele Medikamente einnehmen müssten, aber statt einer Verbesserung eher eine deutliche Verschlechterung ihres Gesundheitszustandes eingetreten sei.

Dies war in der Tat klar erkennbar!

Erneut erzählte ich ihnen von den Möglichkeiten alternativer Heilmittel ... und diesmal schienen sie deutlich offener dieser Thematik gegenüber zu sein. Daher gab ich ihnen einige weitere Informationen zur Literatur und zu einigen bestimmten Naturprodukten und deren Bezugsquellen.

Außerdem gab ich ihnen meine Handynummer ... falls sie weitere Infos und Hilfen benötigen sollten.

Ca. ein halbes Jahr später erhielt ich wieder einmal einen Anruf für eine Abholung vom Krankenhaus:

Es waren die beiden alten Leute ... und sie kamen tatsächlich ohne ihre Gehstöcke auf meinen Wagen zu!

Auf der Fahrt erzählten sie mir, dass sie das empfohlene Buch gelesen und die darin enthaltenen Hinweise zu ihrem Krankheitsbild umgesetzt hätten.

Dazu hatte auch gehört, nahezu alle Medikamente schnellstens abzusetzen.

Es ging ihnen erkennbar deutlich besser ... und sie waren sehr dankbar für den Buchtipp mit den Naturprodukten.

Ein Wunder der Naturmedizin (Teil 2)

Ca. 4 Monate nach dieser wunderbaren Begegnung wurde ich über die »UBER-App« zum Flughafen gerufen, um dort eine Dame abzuholen, die gerade aus Miami gelandet war.

Kaum eingestiegen, erzählte sie mir vom schlechten Essen – vor allem in den USA – und dass sie allgemein sehr müde sei und verschiedene Schmerzen in den Gelenken habe.

Ich befragte sie über ihre Essgewohnheiten … und sie bestätigte meine Annahme, dass sie überwiegend Fertigprodukte zu sich nahm und nur sehr selten gesunde »Bio-Produkte«. Hier fehlte ihr auch das Vertrauen in die »Bio-Siegel«.

Nun befragte sie mich, woher ich mein Wissen über gesunde Ernährung, über »Bio« etc. hätte … und ich erzählte ihr von meinem persönlichen Interesse und meinen privaten »Studien« zu diesem Themenbereich.

In diesem Zusammenhang erzählte ich ihr auch von den beiden alten Leuten und deren wunderbaren gesundheitlichen Entwicklung.

Sie kam buchstäblich »ins Stottern« und meinte dann: »Was, Sie sind das? Das sind meine Eltern!

Und Sie wissen ja gar nicht, was Sie denen Gutes getan haben!

Ich erkenne seit einiger Zeit meine Eltern nicht mehr: Sie laufen inzwischen ohne Gehstöcke, haben keine Schmerzen mehr und haben ihre Medikamente um 70 % reduziert!

Durch Ihre Tipps haben die beiden eine ganz neue Lebensqualität bekommen und es geht ihnen so gut wie seit 20 Jahren nicht mehr!«

Wir fuhren zusammen direkt zu ihren Eltern.

Ich wurde eingeladen zu Kaffee und Kuchen … und unsere Gespräche waren so bewegend, dass sowohl der Tochter als auch mir öfter die Tränen in den Augen standen.

Dies ist sicherlich eine der schönsten und (be-) rührendsten »UBER-Geschichten« für mich …

Vom »Schulmediziner« zum »Naturarzt«

Beim nächsten Fahrgast führte unser Gespräch rasch zum Thema »Medizin«.

Er war Arzt, klassischer »Schulmediziner« … und er bekannte, dass er inzwischen fast eine Sinnkrise in seinem Beruf hatte. Sein Problem waren die starken und oft unkalkulierbaren Nebenwirkungen der von ihm verschriebenen pharmazeutischen Produkte. Oft mussten »klassisch« mehrere chemische Produkte gleichzeitig verschrieben und angewendet werden. Wechselwirkungen von mehr als drei Medikamenten waren jedoch keineswegs mehr kalkulierbar.

Ich erzählte ihm von meinen Erfahrungen mit Naturprodukten und naturmedizinischen Mitteln. Außerdem empfahl ich ihm meine Lieblingslektüren aus diesem Bereich. Er hörte mir mit großem Interesse zu und bekundete seine Bereitschaft, sich mit diesem Thema zukünftig intensiv zu beschäftigen.

Er hatte wohl meine Kontaktdaten gespeichert … und so wunderte ich mich, als ich einige Monate später eine Nachricht von ihm erhielt.

Genauer gesagt waren es Erfahrungsberichte des Arztes über den Einsatz von Naturmedizin … alle ausgesprochen positiv!

Wie er mir darüber hinaus schrieb, musste er die neuen Mittel sozusagen »undercover«, das heißt »fast versteckt« anwenden, weil er seitens seiner Ärzte-Kollegen und der Pharma-Lobby erhebliche Widerstände zu spüren bekommen hatte …

Die 7-kg-Gewichts-Reduktion

Der Fahrgast wog 121 Kilo, als er das erste Mal in meinen PKW einstieg.

Natürlich drehte sich unser Gespräch sofort um das Thema »Gesundheit« und sein deutliches Übergewicht.

Auch für ihn hatte ich einige Tipps, wie er mit einfachen, natürlichen Mitteln und einer Ernährungsumstellung eine Gewichtsreduzierung erreichen könne.

Als er nach drei Monaten wieder zu mir in meinen Volvo stieg, erkannte ich ihn sofort wieder … obwohl er deutlich schlanker geworden war!

Sehr erfreut erzählte er mir von seiner stabilen Gesundheit und dass er in den vergangenen drei Monaten tatsächlich ca. 7 kg abgenommen hatte …

… und das nur mithilfe der Tipps, die ich ihm seinerzeit gegeben hatte!

Vielleicht sehe ich ihn demnächst noch einmal wieder in meinem Wagen. Hoffentlich erkenne ich ihn dann noch …

Schicksalhafte Begegnungen

Bei den vielen Begegnungen und Gesprächen mit meinen Fahrgästen gibt es immer wieder Erlebnisse, die mich besonders berührt haben … weil sie tatsächlich »schicksalhafte Begegnungen« waren …

Die 80-jährige, die nur zum Spaß »UBER fuhr«

Sie war wirklich etwas Besonderes:

Wie sich im Gespräch herausstellte, war sie über 80 Jahre alt … und ziemlich fit.

Und sie fuhr ca. alle zwei Tage »nur zum Spaß« mit einem »UBER-Wagen« in der Stadt herum.

Sozusagen »sightseeing« mit UBER.

Sie beherrschte ihr Handy und die UBER-App ziemlich virtuos, was für eine Achtzigjährige sicher keine Selbstverständlichkeit war.

Aber nicht genug damit:

Wie sich weiterhin herausstellte, kam sie ursprünglich aus Deutschland und es wurde zu unserer großen Verblüffung bald klar, dass sie tatsächlich meine Mutter gekannt hatte …

… und bis zu deren Tod eine lange Brieffreundschaft mit ihr gepflegt hatte.

Wir hatten viel zu erzählen und waren beide sehr berührt von dieser ungewöhnlichen Begegnung …

Mein Schulfreund

Die Fahrt mit zwei Damen ging nach Horgen, einem Ort am Zürichsee, ca. 15 Kilometer von Zürich entfernt … und mir sehr gut bekannt, da wir hier seinerzeit mit unserer »Patchwork-Familie« gelebt hatten.

Natürlich erzählte ich den beiden Damen davon, und wir tauschten uns intensiv darüber aus, wie es früher war … und heute ist.

In diesem Zusammenhang erwähnte ich irgendwann den Namen meines Schulfreundes aus diesem Ort.

Eine der beiden Damen stutzte und fragte nochmals nach dem kompletten Vor- und Nachnamen meines damaligen Freundes.

Und dann sagte sie: »Oh, das ist mein Vater!«

Wir tauschten unsere Adressdaten aus, ich rief einige Tage später die Telefonnummer ihres Vaters an … und »Bingo«:

Es war tatsächlich mein Schulfreund, zu dem ich seit 45 Jahren keinen Kontakt mehr gehabt hatte.

Wir trafen uns kurz darauf persönlich … und hatten eine Menge zu erzählen …

Der Bankdirektor und der Urnerboden

Mein Fahrgast war der Bankdirektor einer großen Schweizer Privatbank.

Während der längeren Fahrt zu seinem Zielort erzählte ich ihm unter anderem von meinem persönlichen Rückzugsort in der Schweiz:

Dem Urnerboden, der größten Schweizer Alp, einem wunderschönen Hochtal, umgeben von imposanten 3000 Meter hohen Bergen und mit inzwischen nur noch weniger als 40 dauerhaften Bewohnern in der Siedlung.

Wann immer es mir möglich gewesen war, hatte ich seit der Kindheit diesen Ort besucht und vor allem später mit meinem Wohnmobil dort viele entspannende Zeiten erlebt.

Natürlich hatte ich über die Jahre auch etwas Kontakt zu den damaligen Bewohnern bekommen. Vor allem ein – damals schon – älterer Herr mit weißem Spitzbart war mir noch gut in Erinnerung geblieben.

Wir hatten viele schöne gemeinsame Momente erlebt, in denen wir z. B. mit dem Fernglas nach Gämsen Ausschau hielten, oder auch schon mal Lawinenalarm auslösten … und im Dorfgasthof gemeinsam Karten spielten.

All dies erzählte ich meinem Fahrgast, dem Banker, der mir sehr interessiert zugehört hatte und mir dann plötzlich offenbarte:

»Auch ich kenne den Urnerboden sehr gut.

Und der alte Mann mit dem weißen Spitzbart:

Das ist mein Großvater. Und er hat mir sogar von Dir erzählt ... dem Besucher mit dem Wohnmobil, mit dem er so gerne Karten gespielt hat.«

Wir waren beide natürlich extrem berührt von diesem Zusammentreffen.

Ich fragte ihn nach dem aktuellen Befinden seines ja damals schon sehr alten Großvaters.

Und tatsächlich lebte der alte Mann noch. Jedoch konnte er nicht mehr auf seinem geliebten Urnerboden bleiben und verlebt seinen Lebensabend heute gut versorgt in einem Altenheim.

Ein Superstar an Bord

Ich hatte ihn sofort erkannt. als er am Hauptbahnhof Zürich auf meinen Wagen zukam.

Es war wirklich der italienische Popstar, ein echter Superstar ... nicht eines dieser »3-Tage Sternchen« aus den Fernseh-Talentshows.

Er sah auch in Straßenkleidung so aus wie man ihn auch von der Bühne her kannte.

Seine schöne Begleiterin kannte ich zwar nicht, doch war sie sicherlich »eines Superstars würdig«.

Beide nahmen auf der Rückbank Platz und ich erkannte sofort, dass sie nach der hinter ihnen liegenden, offenbar anstrengenden Reise nur ihre Ruhe haben wollten.

Und so gab es diesmal weder eine Musik-Atmo, noch ein Gespräch mit meinen Fahrgästen.

Und natürlich verzichtete ich sowohl auf ein Autogramm als auch auf ein »Selfie« mit ihm.

Als ich die beiden am Luxushotel aussteigen ließ, zeigten mir sein Blick und sein ehrliches »Danke«, dass er wohl tatsächlich dankbar dafür war, dass ich seine Privatsphäre beachtet hatte.

Erst später hörte ich mir dann mit einem Schmunzeln eine seiner CDs an …

Der Chor der Glücksgefühle

Eine Geschichte aus der jüngeren Vergangenheit:

Drei Personen, zwei Männer und eine Frau – alle um die dreißig – stiegen zu mir ins Auto.

Kaum eingestiegen, fragte mich einer der Männer nach meinem Musikgeschmack. Welch eine Frage …

Ich zählte das volle Programm auf: Klassik, Opern, Pop, Techno, Jazz, internationale Volksmusik …

»Okay« sagte er, »gib mir das Verbindungskabel, damit wir über das Handy hier im Wagen schöne Musik hören können.«

Und es lief dann tatsächlich »schöne« Musik:

Erst leise, dann immer lauter erklang zunächst das wunderschöne Lied »con te partiro« (»time to say goodbye«) von Andrea Bocelli.

Und dann passierte es: Wir fingen alle spontan an mitzusingen … es entstand eine Stimmung wie in einer Kirche. Unsere Stimmen passten perfekt zusammen, mein »Tenor«, zwei »Bässe« und der »Sopran« der Frau klangen wie schon seit Jahren geprobt.

Wir sangen aus vollem Herzen … inklusive Gänsehaut und Tränen in den Augen. Ich übertreibe sicherlich nicht, wenn ich sage, hier herrschte eine wunderbare »Stimmung« und ein kollektives »Glücksgefühl«.

Und es gab noch eine Fortsetzung:

Als nächster Titel lief »Kyrie« von Placido Domingo … und wir sangen auch dieses wunderschöne Lied gemeinsam so voller Harmonie, dass wir uns letztendlich alle weinend in den Armen lagen.

Abschließend stellten wir noch fest, dass wir wohl alle vor langer Zeit einmal in einem Kirchenchor gewesen waren …

Nie zuvor hatte ich solch glückliche Emotionen in meinem Volvo erlebt.

Und damit ging dann ein wunderbarer harmonischer Abend zu Ende.

Mein UBER-Wagen und der Alkohol

Der Alkohol und alkoholisierte Gäste spielen im Bereich der Personenbeförderung ja stets eine große Rolle.

Natürlich nicht für den Fahrer selbst, für den gilt sicherlich die »0-‰«-Regel. Aber üblicher- und vernünftigerweise rufen eben doch viele alkoholisierte Menschen eher ein Taxi, als betrunken selber zu fahren und damit in mehrfacher Hinsicht ein hohes Risiko einzugehen.

Nachfolgend einige Geschichten rund um das Thema »Alkohol im UBER-Wagen« … manchmal amüsant … manchmal auch eher vielleicht etwas »unappetitlich« …

Die 35-Minuten-Party in meinem Wagen

Es waren 6 Flugbegleiterinnen aus verschiedenen Ländern, Iran, Österreich, Frankreich und Schweden, die gemeinsam eine Party in einem Club besucht hatten.

Offenbar hatte es aber dort für die »flirtbereiten« Mädels nicht das erhoffte Männerangebot gegeben, sodass sie wohl eher ihren Spaß daran gefunden hatten, das ein oder andere alkoholische Getränk zu konsumieren.

Die Stimmung unter den Mädels war jedenfalls bestens, als sie sich zu sechst (!) und dazu noch mit ihren Koffern in meinen Volvo quetschten!

In diesem Fall spielte ich mal nicht meine »Chill-Out«-Musik, sondern ich heizte mit »Party-Musik« die ohnehin schon gute Stimmung unter den Mädels noch weiter an. Meine darüber hinaus gemachte Ansage »Genießt Eure Freiheit ... JETZT ... die richtigen Männer kommen noch früh genug« stieß ebenfalls auf offene Ohren.

Kurz gesagt: Wir hatten eine Super Party im UBER-Volvo ... (Erstaunlich, wie sechs Frauen in einem PKW inkl. Gepäck tanzen können ...)

Am Airport angekommen, übertrafen sich die Damen darin, mir Souvenirs und Accessoires ihrer jeweiligen Airlines zu schenken.

Bei den anschließenden Abschieds-Umarmungen und Küssen von sechs schönen Frauen kam ich dann zugegebenermaßen tatsächlich etwas »ins Schwitzen« …

»Zieh Dein Hemd aus!«

Okay, diese Geschichte kommt sicherlich eher aus der Rubrik »unappetitlich« … aber sie gehört ebenfalls zu meinem Erfahrungsschatz mit den UBER-Fahrten … und deshalb hierher.

Zwei junge Männer hatten mich über die App gerufen, damit ich sie nach Hause bringen konnte.

Offenbar hatten sie gut »gefeiert« und dabei sicherlich nicht nur ein Glas zu viel getrunken.

Der eine nahm auf dem Beifahrersitz Platz, während sich der andere auf die Rückbank setzte.

Zunächst war alles ok, sie erzählten mir von der Party und davon, was sie sonst so machten, etc.

Es fiel mir dann auf, dass der Junge auf der Rückbank immer stiller wurde. Ein Blick in den Rückspiegel offenbarte mir an seinem Gesichtsausdruck sofort, dass hier »etwas Übles« anstand.

Wir waren auf der Autobahn und ich hatte keine Chance, hier irgendwo anzuhalten. Also reagierte ich ohne darüber nachzudenken und befahl dem Jungen:

»Zieh Dein Hemd aus!«

Sicherlich eine ungewöhnliche Ansage in einem für mich ebenso ungewohnten Befehlston.

Aber, ohne die Situation auch nur einen Moment infrage zu stellen, tat der junge Mann wie ihm befohlen worden war:

Er zog sein Hemd aus … gerade noch rechtzeitig, um es sofort gründlich »zweckentfremdet« nutzen zu können …

Kurz darauf konnte ich anhalten, und er konnte das Hemd in der Botanik entsorgen.

Erfreulicherweise ging es ihm – mit nacktem Oberkörper danach wieder so gut, dass wir problemlos weiter zu seiner Wohnung fahren konnten. Das Ganze war ihm extrem unangenehm und er entschuldigte sich hundert mal. Er holte sogar noch Papiertücher aus seiner Wohnung, aber es hatte keine zusätzlichen Verunreinigungen gegeben.

Als er mir danach noch ein gutes »Trinkgeld« gab, fiel mir auf, dass dieser Begriff in dem Zusammenhang tatsächlich eine besondere Bedeutung erhielt …

Das »zweckentfremdete« Vorderrad

Wieder einmal hatte ich einen Fahrgast an Bord, der eindeutig zu viel getrunken hatte.

Alles ging jedoch soweit gut, ich lieferte ihn wohlbehalten am Fahrtziel ab.

Er verließ meinen Wagen und ging ein paar Schritte … nur um dann anzuhalten und sich am Vorderrad meines Volvo zu »erleichtern« …!

Erst mein lautes »Geht's noch?« schien ihn aufzuwecken: Er begann wohl jetzt erst zu realisieren, dass das Vorderrad eines PKWs sicherlich keine geeignete Toilette war.

Auch er entschuldigte sich vielfach und hinterließ mir zusätzlich 100,– Sfr. für eine Autowäsche. Ja, da war es wieder einmal … das buchstäbliche »Trinkgeld« …

Erfreulicherweise waren und sind jedoch die Erfahrungen mit betrunkenen Fahrgästen nicht so häufig und so negativ, wie ich zu Beginn meiner »UBER-Zeit« gedacht hatte.

Ich sehe hierfür zwei Gründe:

Ein erheblich Betrunkener ist allein von der Motorik her – vielleicht mit zittrigen Fingern – schon gar nicht mehr in der Lage, sein Smartphone und die UBER-App korrekt zu bedienen.

In einem solchen Zustand wird er somit zwangsläufig andere Wege zu Beförderung finden müssen.

Ein weiterer Vorteil für UBER!

Der zweite Grund liegt darin, dass ich aufgrund meiner bereits beschriebenen Einstellung wohl nur diejenigen Menschen als meine Gäste »anziehe«, die auch zu mir und meinen Vorstellungen »passen« … also in »Resonanz« stehen zu dem, was ich gedanklich aussende.

Und das ist sicherlich nicht die Bereitschaft »Volltrunkene« zu chauffieren …

Die Zukunft der Personen- und Güterbeförderung

Die Zukunft – sogar die nähere Zukunft – wird einige teils sehr radikale Veränderungen bei der individuellen Mobilität bringen.

Zunächst sei der Antrieb von sogenannten Kraftfahrzeugen und hierbei besonders der »Treibstoff« erwähnt:

Die Zeit der sogenannten »Feuerstellen-Technologie«, das heißt, der »Verbrennungsmotoren« mit Treibstoffen auf Erdöl-Basis nähert sich dem Ende.

Einfach aus zwei Gründen:

Erstens werden die Erdölvorräte in absehbarer Zeit zur Neige gehen … und vorher zunehmend unbezahlbar werden.

Zweitens wächst auch bei den ignorantesten Politik- und Wirtschaftsverantwortlichen mehr und mehr die Erkenntnis, dass wir die Welt, in der wir leben, nicht noch weiter mit Abgasen belasten und uns buchstäblich selber die Luft zum Atmen nehmen können.

Alternative »Treibstoffe« sind bisher zur Zeit (noch) »Wasserstoff« und »Strom«.

Ohne hier und jetzt zu sehr in die Diskussion über das »Für und Wider« der unterschiedlichen Systeme einzugehen, machen vor allem die Elektromotoren umwelttechnisch natürlich nur Sinn, wenn der in den Batterien/Akkus verwendete Strom weitgehend »sauber«, das heißt aus den sogenannten »erneuerbaren Systemen« gewonnen werden kann, also aus Wind-, Wasser- und Sonnenenergie.

Es ist sicherlich höchst interessant, wie diese Anforderung von Politik und Wirtschaft gelöst werden wird.

Ungeachtet dessen sind natürlich aktuell die elektrisch betriebenen Fahrzeuge auf dem Vormarsch. Nahezu jeder Fahrzeughersteller hat inzwischen Elektrofahrzeuge im Programm.

Die Reichweiten durch bessere Akkus werden immer größer, die Herstellungspreise aufgrund größerer Nachfragen günstiger …

Kurz, die E-Mobilität boomt.

Und auch UBER setzt – zumindest zu einem großen Teil – zunehmend auf die Zukunft der Elektrofahrzeuge und geht Kooperationen mit verschiedenen Herstellern ein.

Ein weiterer Bereich der innerstädtischen Mobilitäts- und Verkehrssteuerung ist das sogenannte »Carsharing«.

Dies bedeutet nichts anderes, als dass ein Fahrzeug – ähnlich wie ein Mietwagen – jeweils von mehreren Fahrern genutzt, also »geteilt« (engl. »to share«) wird.

Es gibt inzwischen Anbieter, die eine ganze Flotte an – meist elektrisch betriebenen – Fahrzeugen unterhalten.

Wer in der Stadt einen PKW benötigt, gibt diesen Wunsch – in der Regel bereits über eine firmeneigene Smartphone-App – an die Zentrale weiter und erhält dann sofort den Standort/Parkplatz des nächsten freien Fahrzeugs mitgeteilt. Dort kann er dann mittels eines Codes über sein Smartphone den Wagen öffnen und ihn danach ganz normal nach Bedarf nutzen.

Zum Ende des Nutzungszeitraums wird der Wagen dann – je nach »Carsharing«-Konzept – an einem vereinbarten Parkplatz abgestellt und steht danach sofort dem nächsten Fahrer zur Verfügung.

Die Nutzung wird automatisch anhand der elektronisch übermittelten Fahrtdaten (gefahrene Kilometer, genutzte Zeit etc.) bargeldlos abgerechnet.

Wenn man bedenkt, wie lange ein eigener PKW in der Regel ungenutzt herumsteht, aber dennoch Geld kostet (Steuern, Versicherung, Alterung, Wartung etc.), ist das System, sich jeweils nur dann ein Fahrzeug zu besorgen, wenn man es braucht, sicherlich ein deutlich kostengünstigeres Modell.

Und ein sehr cleveres dazu, um den Verkehr in den Städten, der ja zu einem Großteil nur aus »Parkplatzsuchern« besteht, deutlich zu verringern.

Eine neue, abgewandelte Form des »Sharing«-Konzeptes ist die Nutzung von E-Motorrollern, sogenannten »E-Rollern« oder »E-Velos« und »E-Bikes«. Das System funktioniert im Prinzip genau so wie mit PKWs, nur eben mit Elektro-Rollern und E-Bikes.

Alle Systeme und Konzepte befinden sich zur Zeit überwiegend im Erprobungs-Stadium. Welche Systeme sich letztlich durchsetzen werden … wird die Zukunft zeigen.

Neben der Frage nach den Mobilitäts-Systemen der Zukunft taucht inzwischen auch vermehrt ein weiteres Thema auf:

Das sogenannte »autonome Fahren«. Das bedeutet nichts anderes, als dass in naher Zukunft die Fahrzeuge auf den Straßen wohl nicht mehr von menschlichen Fahrern bedient werden, sondern selbstständig, also computergesteuert eigenständig, somit »autonom« fahren.

Sicherlich für viele eine noch eher befremdliche Vorstellung … jedoch eine wohl nicht mehr aufhaltbare Entwicklung.

Verkehrsexperten sehen das autonome Fahren als einzige Möglichkeit, den teilweise in den Ballungsräumen bereits bestehenden »Verkehrsinfarkt« in Kombination mit der hohen Unfalldichte in den Griff zu bekommen.

Das System »immer mehr Autos, immer mehr Verkehr« kann – vor allem in den Städten – längerfristig so nicht mehr funktionieren.

Und das hat natürlich massive Auswirkungen auf den individualisierten Personen-Nahverkehr in den Ballungsräumen.

Private PKW – gleichgültig mit welchem Antrieb – werden somit absehbar wohl komplett aus den Innenstädten verbannt werden.

Wir bewegen uns also auf eine stufenweise Veränderung in Richtung »automatisiertes Fahren« hin.

Die ersten Schritte betreffen den öffentlichen Nahverkehr mit Schienenfahrzeugen (Straßen- und U-Bahnen) sowie Autobussen. Hier gibt es auch in der Schweiz bereits »Postbusse«, die im Linienverkehr führerlos operieren.

Offenbar komplett problemlos.

Ein anderer Bereich ist der Güterverkehr.

Hier werden wohl zukünftig quasi endlose Schlangen an riesigen LKWs, die auf den Autobahnen computergesteuert »autonom« dicht hintereinander herfahren, bald zum Alltagsbild gehören.

Das bedeutet: Transportfahrzeuge und auch Taxis mit (menschlichen) Chauffeuren wird es dann wohl nicht mehr geben.

Im Klartext heißt das auch: Der Beruf des »Fahrers/Taxifahrers« ist vom Aussterben bedroht!

Auch hier ist UBER visionär und plant eine »fahrerlose« Zukunft mit autonom fahrenden Fahrzeugen.

Ende 2017 wurde bekannt, dass UBER International eine Kooperation mit Volvo eingegangen ist und größere Stückzahlen an den Volvo XC90 Modellen geordert hat. (Ein wunderbares Auto, welches ich selber viele Jahre gefahren habe ...)

Mit diesen Fahrzeugen werden jetzt durch UBER und Volvo Tests durchgeführt und die Entwicklung der autonomen Fahrgastbeförderung vorangetrieben.

Als Nächstes kommt hinzu, dass baldmöglichst auch auf die neuen elektrisch betriebenen XC90 Modelle umgestiegen wird ...

Sicherlich ein weiterer zukunftweisender Schritt, den auch ich als langjähriger zufriedener Volvo-Fahrer mit Freuden begrüße.

Ja, liebe Taxifahrer Kollegen:

Vor dem Hintergrund dieser Entwicklungen sind günstigere Preise bei UBER noch das kleinste Problem:

Der gesamte Berufsstand des Fahrers wird nämlich irgendwann wegfallen ...!

Vor diesem Hintergrund wirkt die folgende kleine Scherzfrage schon realistisch:

»Warum ist im Auto die Frontscheibe so groß – und der Rückspiegel so klein? – Nun, weil das, was hinter uns liegt – die Vergangenheit – nicht mehr so wichtig ist«

In diesem Sinne:

Freu' Dich auf das, was kommt … und gib »Vollgas« …!

Und es gibt noch einen weiteren Zukunfts-Schritt, der im übrigen auch von UBER im Hintergrund bereits intensiv vorangetrieben wird:

Der Personenverkehr über individuelle Fluggeräte, sozusagen eine Mischung zwischen Mini-Helikoptern und Drohnen …

Natürlich irgendwann ebenfalls »autonom« …

Nun, »Science-Fiction« lässt grüßen, die Zukunft wird sicherlich spannend … und wie so oft in der Geschichte erfordert sie wieder einmal ein radikales Umdenken.

Vor allem bei denjenigen, die jetzt noch glauben, sie könnten den Beruf des »Fahrers« noch weitere 20 Jahre wie gewohnt ausüben …

Zu dieser Zeit werde ich dann hoffentlich weiterhin meinen Ruhestand genießen und – so wünsche ich jetzt nochmals von Herzen – mich bei guter Gesundheit noch an einer intakten Umwelt und Natur erfreuen können …

Nachwort, Danksagungen

Okay, dieses Buch hat ein Vorwort, also soll es auch ein »Nachwort« bekommen.

Oder besser »ein Nachkapitel«: Mit »einem Wort« komme ich sicher nicht aus …

Aber vor allem soll es einige Dankesworte beinhalten, denn ohne einige wichtige Menschen aus meinem nächsten Umfeld würde es dieses Buch nicht geben.

Und hier sei zu allererst meine liebe Frau Priska zu nennen.

Sie hat ganz wesentlich dazu beigetragen, dass dieses Buch entstehen konnte. Mit ihrer unermüdlichen Geduld, ihrem Verständnis sowie ihrer Liebe und Hingabe, die sie für mich aufbrachte, hat sie mich stets immer wieder neu dazu motiviert, weiterzumachen. Vor allem dann, wenn sich wieder einmal Zweifel in mir breitmachten und ich zum wiederholten Male aufhören wollte, weil ich auf keinen Fall etwas in Buchform veröffentlichen wollte, was doch so ganz privat in meinem Inneren verborgen lag.

Sie hörte mir einfach geduldig zu … und ich konnte wieder einmal meine Überzeugung ändern … und weitermachen.

Danke Priska für Dein »Da-Sein«. Danke für Deine Liebe!

Ein weiteres »Danke« geht an Markus Käppeli, Bärbel Klein und Hans-Peter Eschmann sowie an all jene Menschen, die namentlich aufzuführen sicher den Rahmen dieses Kapitels sprengen würden.

Die aber stets präsent waren, die mich geprägt, gespiegelt, inspiriert, gelobt und kritisiert haben.

Und vor allem auch all die vielen »UBER-Kunden«, die mich motiviert haben, unsere Begegnungen und Erlebnisse »eins zu eins« umzusetzen.

Last not least geht mein besonderer Dank an meinen »Lektor« Michael Ramjoué. Er war – und ist – mir stets ein wertvoller Partner zum Austausch von Gedanken und Ideen. Er hat mich mit Geduld und Kompetenz begleitet und sein Wissen in dieses Buch mit einfließen lassen.

Danke für Deine Freundschaft!

Am Ende noch dies:

Das, was Du über dieses Buch denkst, ist Deine eigene Sicht.

Das, was Du in diesem Buch vielleicht erkannt hast … oder auch nicht … ist alleine Deine Wahrnehmung und hat allein mit Dir zu tun.

Das, was Du an diesem Buch wertschätzt … oder eben auch nicht, hat allein mit Deiner Entscheidung zu tun.

Ich verstehe und fühle den Inhalt dieses Buches sicherlich ganz anders als jeder andere Mensch!

Er ist ein Teil von mir!

Wir alle haben ein »Ablaufdatum«.

Das wurde mir sehr bewusst, als ich vor ca. 20 Jahren eine Operation durchleben musste und wegen Komplikationen nicht wusste, ob ich die nächsten Tage überleben würde.

Da wurde mir zum ersten Male wirklich klar was »Gesundheit« bedeutet!

Der gesunde Mensch hat viele Wünsche.

Der Kranke ... nur EINEN!

Ein ganzes Jahr lang war ich arbeitsunfähig.

Aber ... im Nachhinein bin ich tatsächlich für diese Erfahrung dankbar, denn ich lebe heute viel bewusster!

Das fängt damit an, mir immer genügend Zeit für mich zu nehmen. Es geht über »gesunde Ernährung« bis hin zu der gelebten Erkenntnis, dass alles im Leben seinen Sinn, seine Berechtigung und seine Bedeutung hat.

Somit kann ich die Dinge »geschehen« lassen. Voller Vertrauen, voller »Glauben« und in der Akzeptanz, bereits im angestrebten Zustand zu leben.

Hierzu bedarf es Eigenschaften wie der inneren Ruhe, Zeit, Liebe, Frieden ... und Heiterkeit.

Also nimm Dir immer Deine Zeit. Zeit ist ein knappes Gut.

Aber Du hast genügend Zeit, wenn Du das tust, was Du wirklich möchtest. Genieße es einfach, wieder Zeit zu haben. Zieh Dich einfach öfter mal zurück. Erlebe »Schweigen« und erfahre, was Dir die Stille offenbart.

Und vergiss nicht, Dein Handy auszuschalten! Erlaube es Dir, nicht erreichbar zu sein!

Das ist der neue Luxus!

Ja, und es darf ruhig auch einmal »langweilig« sein, denn das bedeutet eine »lange Weile« im Sinne einer Zeitspanne zu haben, die nur uns selbst gehört.

Nichts tun zu müssen. Nur Genießen und Träumen …

Und noch etwas: Wann hast Du das letzte Mal wirklich etwas »Für Dich« getan? Etwas nur »Dir zuliebe«?

Wenn ich dies in meinen Seminaren in die Menge fragte, kamen Antworten wie »Das ist schon lange her«, oder »Weiß ich nicht mehr« oder ähnlich. Keiner der Teilnehmer sagte:

»Ich mache das jeden Tag«!

Aber genau das ist der Punkt: Jeden Tag musst Du etwas Dir zuliebe tun! Wir leben ständig nur noch für andere. Für das Geschäft, für die Familie. Keine Zeit mehr für mich.

Ist das »Leben«? Bestimmt nicht!

Wer nicht von Zeit zu Zeit nach Innen geht, der verpasst das Leben und geht früher oder später immer leer aus.

Nimm Dir also diese Zeit zum allein sein:

Eine Stunde am Tag, einen halben Tag in der Woche, ein Wochenende im Monat … und zwei Wochen im Jahr. Nur Du … und Zeit für Dich allein.

Wenn Du Dir dies – wie ein Ritual – ab sofort in Dein Leben einbaust, vielleicht nur für eine Stunde, um z. B. ein Buch zu lesen, zum spazieren gehen, die Badewanne zu genießen, ein Hobby zu pflegen, Yoga zu erleben, bei einem Glas Wein zu träumen … oder einfach nur »zu sein« und »nichts tun« …

… dann wird Dir plötzlich bewusst, was »Leben« heißt. Nimm das an, was sich in Deinem Inneren zeigt, das was sich im Äußeren manifestieren will.

Seit ich so lebe, habe ich eine neue Lebensqualität bekommen, persönlich, in der Familie, aber vor allem auch beruflich.

Wer hätte das gedacht, dass ich mit solcher Leidenschaft und Begeisterung nochmals in einem völlig neuen Bereich erfolgreich sein würde?

Erfolgreich als »UBER-Fahrer«? Als Chauffeur?

Ja, ich hab es einfach »getan«.

Und durch das Fahren mit UBER darf ich nochmals so viele neue Erfahrungen machen, so viele neue Menschen, Meinungen, Lebensweisen und Schicksale kennen lernen, dass ich darüber nur glücklich sein kann.

Und dann erlebe ich wieder, wie viele Menschen oft an etwas Unnützem, nicht mehr Gebrauchtem festhalten, ob an Meinungen und Ansichten, materiellen Dingen … oder auch an zwischenmenschlichen »Verwicklungen«.

Wie oft verschwenden sie ihre Zeit und sind trotz moderner Technik mit vielen »Pseudo-Freunden« in den sozialen Netzwerken dennoch letztlich einsam.

Das macht mich einerseits betroffen, andererseits macht es mich aber auch in gewissem Maße froh, wenn ich wieder einmal einige wesentliche neue Gedankenanstöße für Veränderungen geben konnte.

Ich durfte erleben, wie sich die Menschen im Gespräch öffneten, plötzlich die Ängste vor Veränderungen losließen … und unsere Fahrt wurde für uns alle einerseits immer »relaxter« ... andererseits immer spannender, weil es tatsächlich »ans Eingemachte« ging.

Und wenn die Fahrt zu Ende ging, durfte ich den meisten abschließend noch mitgeben: Genieße alles. Genieße Deine Zeit. JETZT!

Aber klebe niemals daran, denn alles fließt. Das Leben ist ständige Veränderung. Nichts bleibt.

Wer »festhält« erzeugt Leid. Du kannst letztendlich nur das wirklich besitzen, was Du liebst.

Und die Liebe lässt immer frei!

Und akzeptiere Deine »negativen« Erlebnisse und Erfahrungen.

Die machen Dich stark für die Zukunft.

Und erfreue Dich an den positiven Erfahrungen. Die machen Dich erfolgreich!

Du bist der Regisseur Deines Lebens auf Deiner Bühne. So wie Du über Dich denkst, so begegnest Du auch allen anderen ... und so begegnen »die anderen« auch Dir!

Entscheide Dich für ein Leben in Liebe zu Dir. Höre auf Dein Herz und lass' es singen. Erschaffe mutig das, was Du erschaffen möchtest.

Es gibt nichts, wovor Du Angst haben müsstest, denn auf alles, was Du jetzt loslässt, folgt immer etwas Besseres nach.

An alle, die ich in meinen vielen Begegnungen lieb gewonnen habe … gleich welcher Hautfarbe, gleich welcher Religion, gleich welcher Sprache:

Ich danke Euch … und ich danke auch »UBER« für die Möglichkeit dieser neuen Bereicherung in meinem aktuellen Lebensabschnitt.

In diesem Sinne wünsche ich Dir das Beste, was auch immer Du für Dich dazu auswählst:

Mehr Zeit, Offenheit für Neues, mehr Gelassenheit, mehr Leidenschaft, Geduld, Liebe, Glück, Frieden, Harmonie …

…und ganz viele gute Gedanken auf Deinem Lebensweg.

Roland Erichsen

Nachtrag

Die aktuellen Entwicklungen – quasi nach Fertigstellung des Manuskriptes zum vorliegenden Buch – erfordern es der Vollständigkeit halber, jetzt noch diesen »Nachtrag« anzuhängen:

Es ist Juni 2018.

Ich habe gerade im Rahmen eines aktuellen Projektes zusammen mit UBER erfahren, dass mein »5-Sterne«-Bewertungsprofil bei UBER tatsächlich bedeutet, dass ich wohl »weltweit« zu den »Top« bewerteten Fahrern gehöre.

Wow … ein bischen stolz darf ich sicherlich darüber sein. Vor allem, weil es natürlich nicht von mir bewusst gesteuert wurde, sondern »einfach geschehen ist«.

Ich bin eben – auch in meinem Wagen – so wie ich bin. Und wenn es jetzt sogar zunehmend vorkommt, dass Fahrgäste ein »Selfie« mit mir machen wollen … oder gar schon Autogrammwünsche haben und dieses Buch bereits vorbestellen … ist mir das schon fast ein wenig »peinlich« …

Das in diesem Nachtrag erwähnte Projekt mit UBER ist übrigens ein Film, den ein professionelles französisches Filmteam soeben mit mir für UBER gedreht hat.

Vieles, wovon ich auch in diesem Buch erzählt habe, wurde jetzt auch filmisch umgesetzt:

Die wunderbare Natur, in der ich hier zuhause bin, mein Lebensumfeld, meine Alphorn-Musik, mein »UBER-Arbeitsplatz« in meinem Volvo mit meinen Fahrten durch Zürich ...:

All das wurde soeben auch in »Bild und Ton« dokumentiert.

Wenn Du das Video auf »YouTube« ansehen möchtest, suche dort einfach nach

»Roland Uber«

Und noch ein weiterer aktueller »Nachtrag«:

Ich hatte in diesem Buch mehrmals meinen »Dienstwagen« – meinen »Volvo XC70« – erwähnt. Dieses schöne Fahrzeug hat mich jahrelang zuverlässig begleitet und – wie beschrieben – auch meine Fahrgäste oft positiv beeindruckt.

Wie ich aber ebenfalls geschrieben hatte, ist dieser Wagen als Fahrzeug mit Dieselmotor aktuell sicherlich nicht mehr die optimale Lösung im Hinblick auf die Umweltverträglichkeit eines PKW im Großstadtverkehr.

Im Rahmen des großen Medienechos, das mein »5-Sterne«-Status als »UBER-Partner« Fahrer sowie die Vor-Veröffentlichung dieses Buches ausgelöst haben, hat die Firma Volvo Schweiz reagiert und mir jetzt als Sponsor einen nagelneuen »Volvo V90 T8 AWD Twin-Engine«, das ist ein sogenanntes Plug-in-Hybrid-Modell, zur Verfügung gestellt!

Dieses Fahrzeug ist ein voll ausgestattetes »Hybrid-Modell«, das sowohl den kombinierten als auch den alleinigen Elektrobetrieb ermöglicht.

Als Kombi mit Ladefläche und Allrad-Antrieb (4 × 4) ist er jetzt der perfekte neue »Dienstwagen« für meine Fahrten als »UBER-Partner«-Fahrer. Natürlich freue ich mich sehr über meinen tollen neuen »Arbeitsplatz« und die jetzt noch intensivere Kooperation mit Volvo.

Und ich bin sicher, dass auch meine Fahrgäste den Komfort dieses Fahrzeugs schätzen und vor allem auch den Beitrag für unsere Umwelt positiv bewerten werden …

Ja, lieber Leser, mit diesen tollen Neuigkeiten schließe ich dieses Buch nun ab.

Du siehst, was Engagement und »Leidenschaft« für eine Sache oder ein Projekt bewirken können. Ich bin jedenfalls rundum begeistert und blicke mit Freude und guten Gefühlen in die Zukunft …

Und nachdem ich mich nun von den vielen anstrengenden »Nebenjobs« wie Autorentätigkeiten, Presseterminen, Fotoshootings und Video-Dreharbeiten etc. etwas erholt habe, kann ich mich jetzt wieder einer meiner aktuellen »Lieblingsbeschäftigungen« zuwenden:

Ich steige in meinen neuen Volvo … melde mich in der UBER-App an … und freue mich auf meine nächsten Fahrgäste …

»Willkommen an Bord …«

Anhang

Buchempfehlungen / Musik

Robert Franz:

- OPC – Das Fundament menschlicher Gesundheit
- »Warum denn eigentlich MAGNESIUM?
- »MEIN JODBUCH«
- und zahlreiche »YouTube-Videos«

Robert Betz:

- »Raus aus den alten Schuhen«
- »Willst du NORMAL sein oder GLÜCKLICH?«

Angelika Winkler:

- »Die Enthauptung der Medizin«

Eva Maria und Wolfgang Zurhorst:

- »Liebe dich selbst«

»Codex Humanus«, Hrsg:

- Vitaminum-Prolife

Die Musik von Michael Ramjoué:

- www.michaelramjoue.de

Uber-Volvo-Erichsen-Blog

- http://bit.ly/UberVolvo